农网配电杆上实训

主　编　杨　尧

副主编　高举明

参　编　汤　文　方　凯　汤武征

李　征　李翔翔

重庆大学出版社

内容提要

为了更好地服务架空配电线路施工运维检修现场的要求,帮助农网架空配电线路运检技能人员和高职类线路工程专业的学生全面了解配电线路杆上作业项目、作业内容、安全要求、作业流程及工艺质量要求,依据《国家电网公司电力安全工作规程(配电部分)》要求组织编写了《农网配电杆上作业》实训教材。本书以图、表的形式编写了 10 个杆上操作项目:登杆训练,装设接地线,更换 10 kV 线路耐张绝缘子,更换变压器台区高压侧避雷器,更换隔离开关,更换断路器,修补导线,调整弧垂,拉、合断路器(柱上带刀闸),安装拉线。

本书可供高职类线路工程专业(配电方向)的学生使用,还可作为从事配电线路施工、运行维护、故障检修的生产技能人员技能培训、日常工作的学习资料。

图书在版编目(CIP)数据

农网配电杆上实训 / 杨尧主编. -- 重庆:重庆大学出版社,2021.11

ISBN 978-7-5689-2624-9

Ⅰ. ①农… Ⅱ. ①杨… Ⅲ. ①农村配电—高等职业教育—教材 Ⅳ. ①TM727.1

中国版本图书馆 CIP 数据核字(2021)第 222004 号

农网配电杆上实训

NONGWANG PEIDIAN GANSHANG SHIXUN

主 编 杨 尧
副主编 高举明
参 编 汤 文 方 凯 汤武征
李 征 李翔翔
策划编辑:鲁 黎

责任编辑:姜 凤 版式设计:鲁 黎
责任校对:谢 芳 责任印制:张 策

*

重庆大学出版社出版发行
出版人:饶帮华
社址:重庆市沙坪坝区大学城西路 21 号
邮编:401331
电话:(023)88617190 88617185(中小学)
传真:(023)88617186 88617166
网址:http://www.cqup.com.cn
邮箱:fxk@ cqup.com.cn(营销中心)
全国新华书店经销
重庆华林天美印务有限公司印刷

*

开本:787mm×1092mm 1/16 印张:5.5 字数:119 千
2021 年 11 月第 1 版 2021 年 11 月第 1 次印刷
ISBN 978-7-5689-2624-9 定价:22.00 元

按照教育部关于高职高专高素质应用型人才培养目标的精神,为满足高职高专线路工程类专业实践能力培养规格的教学需求,提高高职学生就业技能水平,我们组织了一批现场经验丰富的配电线路运行与检修专业技能专家和教学经验丰富、实践能力强的专业教师编写了这本实训教材。

本书根据高职高专线路工程类专业毕业生所从事职业的实际需要,确定学生对配电线路工应具有的能力结构和知识结构,采用由浅入深的项目式训练模式,并配有详细的图、表说明和各项目操作训练考核标准进行编写。编写时注重理论与实践相结合,工作标准与训练要求相结合,突出实践能力的培养。贯彻精练理论,培养实践操作能力,兼顾电力安全生产能力培养的原则,立足于高素质技术应用型人才培养目标,突出实用性,强调实践性。本书内容的安排有利于扩展学生的思维空间和发挥学生自主学习的积极性。

本书由长沙电力职业技术学院杨尧任主编,长沙电力职业技术学院高举明任副主编。具体分工如下:杆上作业项目须知和项目1由长沙电力职业技术学院杨尧和高举明编写;项目2由长沙电力职业技术学院汤文编写;项目3、项目4由国网湘潭供电分公司汤武征编写;项目5、项目6和项目9由国网邵阳供电分公司李征编写;项目7、项目8由国网湘潭供电分公司方凯编写;项目10由国网衡阳供电分公司李翔翔编写。全书由长沙电力职业技术学院杨尧统稿。

由于本书所收录的信息均来自国网湖南省电力有限公司所属的各地市供电公司,肯定会有地域偏差,随着农村配电网的不断发展和技术更新,本书中的项目及相关内容会定期进行修编。

由于编者水平有限,书中疏漏之处在所难免,恳请各位领导、专家和读者批评指正。

编　者
2021年3月

杆上作业项目须知

杆上作业是农网配电运维检修人员经常进行的作业项目。因现场不遵守规程、违章作业、违章指挥、粗心大意造成的事故屡见不鲜，因此，在开展登杆作业训练时，应熟悉杆上作业的危险点及相关注意事项，培养学生良好的登杆高空作业习惯和树立牢固的安全意识。

1.杆上作业的危险点

①高空坠落伤害。
②高空落物伤害。
③触电伤害。
④倒杆断线伤害。

2.登杆前准备工作

①作业人员戴安全帽，穿棉质长袖工作服、袖口扣牢，穿电工绝缘鞋。
②认真核对线路名称和杆号。
③仔细检查杆根、基础和拉线是否牢固。
④检查杆塔上是否有影响攀登的附属物。
⑤遇到冲刷、起土、上拔或导地线、拉线松动的杆塔，应先培土加固，打好临时拉线或支好架杆。
⑥检查登高工具、设施(脚扣、安全带、梯子、脚钉、爬梯、防坠装置等)是否完整牢靠，脚扣、安全带必须进行冲击性试验。
⑦攀登有覆冰、积雪、积霜、雨水的杆塔时，应采取防滑措施。
⑧攀登过程中应仔细检查横向裂纹和金具锈蚀情况。
⑨低压带电接线时，上杆前应先分清中性线、相线，选好工作位置。

3.杆上作业过程中应注意的安全事项

①上杆时，要全程系好安全带，上杆后应将工作绳系在杆上或横担上，不要系在身上。

②作业人员攀登杆塔、杆塔上移位及杆塔上作业时,手扶构件应牢固,不得失去安全保护,并有防止安全带从杆顶脱出或被锋利物损坏的措施。

③在杆塔上作业时,宜使用后备保护绳或速差自锁器的双控背带式安全带,安全带和保护绳应分挂在杆塔不同部位的牢固构件上。

④上横担前,应检查横担的腐蚀情况、联结是否牢固,检查时安全带(绳)应系在主杆或牢固的构件上。

⑤杆上作业应使用工具袋,上下传递材料、工器具应使用绳索,临近带电线路作业时,应使用绝缘绳索传递,较大的工具应用绳子固定在构件上。

⑥在人员密集或有人通过的地段进行杆塔上作业时,作业点下方应按坠落半径设围栏等保护措施。

⑦杆塔上作业时不得从事与工作无关的活动。

⑧在杆塔上使用梯子或临时工作平台,应将两端与固定物可靠连接,一般应由一人在其上作业。

⑨在低温或高温环境下杆上作业,应采取保暖或防暑降温措施,作业时间不宜过长。

⑩在五级及以上的大风或暴雨、雷电、冰雹、大雾、沙尘暴等恶劣天气下,应停止露天杆上作业。特殊情况下,确实需要在恶劣天气进行抢修时,应制订相应的安全措施,经相关负责人批准后方可进行。

⑪杆上作业,除有关人员外,其他人不得在工作地点的下面通行或逗留,工作地点的下面应有遮拦(围栏)或装设其他保护装置。

⑫在杆上工作,需松动导线或接线时,必须采取防止电杆倾倒的措施,并且不得松动承力接线。

⑬使用脚扣杆上作业时,在电杆左侧工作左脚应在下面,在电杆右侧工作右脚应在下面,严禁把两个脚扣交叉在一起。

4.杆上作业应禁止的行为

①禁止攀登杆基未完全牢固或未做好临时拉线的新立杆塔。

②禁止携带器材登杆或在杆塔上移位。

③禁止利用绳索、拉线上下杆塔或顺杆下滑。

项目1　登杆训练

【项目描述】

配电网运行维护与检修的日常工作很多都需要登杆后才能实施维护检修作业,所以登杆属于配电运检生产技能人员必备的基本技能之一。作为登杆训练人员,应认真学习《国家电网公司电力安全工作规程(配电部分)》中"17高处作业"的部分内容,并严格按照该规定进行登杆训练,以实现安全、规范、熟练掌握登杆技能的训练目的。

【教学目标】

1.知识目标

通过本项目的训练,学生能讲述农网中使用的各种杆塔种类及特征,能书写《国家电网公司电力安全工作规程(配电部分)》中"17高处作业"的部分内容。

2.能力目标

通过本项目的训练,学生能按照登杆考核标准要求安全、规范、熟练地完成登杆训练任务。

3.态度目标

通过本项目的训练,培养学生做事认真细致、积极主动地协助团队成员完成登杆训练任务。

【项目训练要求】

1.训练任务名称

登混凝土电杆。

2.训练场地要求

有不少于6基12 m高的锥形混凝土电杆(或等径杆),每基电杆处设观察平台一处并配对讲机。

3.训练环境要求

登杆场地通风良好,场地整洁卫生,与其他实训场地的间隔距离满足登杆实训安全要求,并便于装设安全围栏。

4.登杆训练安全要求

①学习《国家电网公司电力安全工作规程(配电部分)》并经考试合格。
②熟悉登杆训练安全协议内容,并签安全协议书。
③遵守实训场地管理制度及安全管理制度等。
④按照《国家电网公司电力安全工作规程(配电部分)》要求布置登杆训练各工位的安全围栏、标识标牌、警示牌等。

【项目训练实施】

1.工器具准备

登杆所需的工器具及数量见表1-1。

表1-1　登杆所需的工器具及数量

名　称	数　量	名　称	数　量	名　称	数　量
脚扣	6副	速差保护器	6套	手套	按人员配置
安全带	6副	安全帽	按人员配置	工具袋	6个

2.登杆训练

(1)登杆前检查

①按照电杆规格选择大小合适的脚扣,检查脚扣所有的螺丝是否齐全,脚扣皮带是否良好,调节是否灵活,焊口有无开裂、有无变形,是否在试验合格期内。登杆工器具及冲击试验

详见表 1-2 中的图 1-1。

②站在地面,将脚扣扣在电杆上,用一只脚站上去,用力朝下蹬,做人体冲击试验,检查有无异常,详见表 1-2 中的图 1-2。

③检查安全带是否在试验合格期内,调整是否合适,保险装置是否完好,详见表 1-2 中的图 1-3。

④检查杆根是否牢固,埋深是否合格,杆身有无纵向裂纹,横向裂纹是否符合要求。

⑤检查拉线是否牢固,是否有锈蚀、断股、紧固螺丝松动等现象。

表 1-2 登杆工器具及冲击试验

序 号	工器具名称	图 片
1	带胶皮的可调式脚扣	图 1-1
2	脚扣冲击试验	图 1-2
3	安全带的正确穿戴	图 1-3

续表

序　　号	工器具名称	图　　片
4	登杆的正确姿势	 图 1-4

（2）登杆时要求

①换好工作鞋，系好安全带，安全带应系在腰带下方，臀部上方，松紧要适度，详见表1-2中的图1-3。

②根据电杆的粗细调节脚扣的大小，使脚扣牢靠地扣在电杆上。

③穿脚扣时，脚扣带的松紧要合适，防止脚扣在脚上转动或滑脱。

④将安全带绕过电杆，调节好合适的长度系好，扣好扣环，做好登杆前准备。

⑤登杆时，应两手上下扶住电杆，上身离开电杆（350 mm左右），臀部向下方坐，使身体呈弓形。当左脚向上跨脚扣时，左手同时向上扶住电杆，右脚向上跨脚扣时，右手同时向上扶住电杆。同时应注意：

a.在左脚蹬实后，将身体重心移至左脚上，右脚才能抬起，再向上移一步，手也才能随着向上移动，手脚配合要协调，详见表1-2的图1-4。

b.当脚扣扣住电杆后（方法：用力往下蹬，使脚扣与电杆扣牢），再开始移动身体。

c.登杆时，步幅不要太大（上方脚弯曲后，大腿与小腿间的夹角不应小于90°）。

d.如登拔梢杆，应注意适当调整脚扣。若要调整左脚扣，应左手扶住电杆用右手调整；调整右脚扣时则相反。

e.快到杆顶时，要注意防止横担碰头，到达工作位置后，将脚扣扣牢登稳，在电杆的牢固处系好安全带，即可开始工作。

f.下杆时，注意身体平衡，动作舒缓。

（3）登杆注意事项

①五级及以上大风或雷雨天气时，禁止露天高处作业。停电检修的线路在未验明导线无电压前，严禁登杆。

②杆上作业时，不应摘除脚扣，同时安全带可靠受力。

③系好安全带后,必须检查扣环是否扣牢。杆上作业转位时,不得失去安全带保护,安全带必须系在牢固的构件或电杆上。应防止安全带从杆顶脱出或被锋利物割伤。

④现场人员应戴安全帽,杆下严禁无关人员逗留。

3.登杆操作评分

登杆训练是农网配电线路工的基本技能训练,也是从事线路运维工作不可或缺的一项技能。为提高登杆训练质量、规范登杆动作、统一训练标准,可按登杆操作评分细则对受训对象进行操作考核,具体考核内容及考核标准详见表1-3。

表1-3　登杆操作评分细则

班　级				学　号			学生姓名		
开始时间				结束时间			标准分	100分	得分
操作项目名称			登杆作业				操作考核时限		20 min
需要说明的问题和要求			1.登杆实训场地应满足实训要求,实训场地环境应满足安全要求 2.登杆实训工位需做好安全措施 3.登杆训练时每个工位需要配备地面配合人员和监护人员						
工具、材料、设备场地			具有6基及以上混凝土电杆的配电实训场,脚扣、安全带、安全帽、速差保护器、手套、临时遮拦及标识牌等						
评分标准	序号	步骤名称	质量要求			满分/分	评分标准	扣分原因	得分/分
	1	准备工作	着装:穿整套工作服、绝缘鞋,劳保用品使用正确等			5	着装不正确每处扣3分		
			工器具准备:按项目要求准备脚扣、安全带、安全帽、速差保护器、手套、临时遮拦及标识牌等			5	每少一样扣1分		
	2	登杆作业	登杆前检查:按要求检查安全帽、安全带、脚扣(冲击试验)、杆根、杆基、拉线等			15	每少检查一项扣3分		
			登杆:安全带、安全帽、脚扣使用方法正确、脚扣大小调整合适、登杆姿势正确、登杆动作安全协调熟练等			35	根据登杆质量要求酌情扣分,其中安全带低挂高用扣10分,登杆过程中脚扣未扣牢固出现打滑一次扣3分,脚扣脱落一次扣5分,登杆过程中出现落物一次扣10分		

续表

	序号	步骤名称	质量要求	满分/分	评分标准	扣分原因	得分/分
评分标准	2	登杆作业	下杆:身体平衡、动作舒缓	15	下杆时脚扣未扣牢固出现打滑一次扣3分,脚扣脱落一次扣5分,动作不熟练酌情扣分		
	3	工作终结	场地清理:按指导老师要求打扫实训场地、整理安全围栏等	5	未按指导老师要求清理酌情扣分		
			工器具整理:按指导老师要求整理工器具等	5	未按指导老师要求整理酌情扣分		
			工作汇报:登杆工作结束后及时向指导老师汇报	15	未按要求进行汇报酌情扣分		
	4	考核时间			每超过1 min扣2分,超过10 min计为不及格,需补考		
指导老师签名:							

【训练成绩评定】

配电网架空线路及杆上设备的运行维护与检修项目大都属于高空作业,需要小组杆上作业人员和地面工作人员相互配合、相互关照才能顺利完成,在进行实操训练成绩评定时,应综合考核杆上和地面工作人员的劳动态度、组织纪律、准备程度、实际操作熟练程度、实训场地清理及工器具整理等要素,以满足配电网运维检修人员综合素质及技能提升的需要。训练成绩评定详见表1-4。

表1-4　训练成绩评定表

评定内容	劳动态度(10%)	组织纪律(10%)	准备程度(10%)	实际操作(60%)	场地工器具整理(10%)	总分/分
评定成绩						

项目2　装设接地线

【项目描述】

为了保证被检修线路、设备及检修人员的人身安全,停电检修的架空配电线路及配电设备都需采取停电、验电、接地、悬挂标示牌和装设遮拦(围栏)的保证安全的技术措施,所以在进行装设接地线训练时,应认真学习《国家电网公司电力安全工作规程(配电部分)》中"4 保证安全的技术措施"的部分内容,严格按照该规定进行装设接地线训练,以实现安全、规范、熟练掌握装设接地线技能的训练目的。

【教学目标】

1.知识目标

通过本项目的训练,学生能讲述农网中使用的接地线种类及特征,能书写《国家电网公司电力安全工作规程(配电部分)》中"4 保证安全的技术措施"的部分内容。

2.能力目标

通过本项目的训练,学生能按照装设接地线操作要求安全、规范、熟练地完成装设接地线训练任务。

3.态度目标

通过本项目的训练,培养学生做事认真细致、积极主动地协助团队成员完成装设接地线训练任务。

【项目训练要求】

1.训练任务

装设 10 kV××线路接地线(已在 10 kV××线#××杆#××台区高压侧变跌落式熔断器桩头下侧验电环处验明确无电压,装设#1/10 kV接地线一组),接地线装设位置如图2-1所示。

图 2-1 接地线装设位置

2.训练场地要求

有两条 10 kV 线路,每条线路全长不少于 50 m、4 基以上混凝土电杆、杆上变压器1台。变压器高压侧配有跌落式熔断器和避雷器、低压侧配有低压负荷总开关、分路开关、电容补偿器等,详见表2-2中的图2-2。

3.训练环境要求

训练场地通风良好,场地整洁卫生。

4.装设接地线训练安全要求

①学习《国家电网公司电力安全工作规程(配电部分)》并经考试合格。
②熟悉装设接地线训练安全协议内容,并签安全协议书。
③遵守实训场地管理制度及安全管理制度等。
④按照《国家电网公司电力安全工作规程(配电部分)》要求布置装设接地线训练各工位的安全围栏、标识标牌、警示牌等。

【项目训练实施】

1.工器具准备

装设接地线所需的工器具及数量见表2-1。

表2-1　装设接地线所需的工器具及数量

序　号	名　称	规　格	单　位	数　量
1	绝缘手套		双	2
2	安全带		副	2
3	安全帽		顶	按人员配备
4	验电器	高压	个	2
5	接地线		组	2
6	传递绳	12×15 000 mm	根	2
7	扳手	24 mm	把	2
8	接地钎		个	2
9	手套		双	按人员配置
10	工具袋		个	2
11	帆布(防潮垫布)		块	
12	脚扣		副	2
13	铁榔头		把	1
14	硬质围栏			若干
15	标示牌、警示牌		块	若干

2.装设接地线训练

(1)装设接地线前的检查

①接地线检查:装设接地线前必须仔细检查接地线,10 kV高压接地线的截面积不得小于25 mm²(低压接地线和个人保安线的截面积不得小于16 mm²),详见表2-2中的图2-3、图2-4。接地线应在试验有效周期以内,软铜线应无断头、断股,金属连接部位、螺丝连接处应无脱接、松动,线钩的弹力应正常,表面覆盖的柔软且耐高温的透明绝缘层应完好,不符合要求的应及时进行维修或调换。

②停电检查:装设10 kV高压接地线前必须先验电,验明无电压后方可装设接地线,详见表2-2中的图2-5。

③验电器检查:验电器在使用前需在明知有电的线路或设备进行试验,以验明验电器是完好的。

④脚扣、安全带、杆根、杆基、拉线的检查及冲击试验与登杆训练前的检查相同,此处不再赘述。

⑤核对杆号及线路名称。

表2-2　装设接地线工器具及相关图片

序　号	工器具名称	图　片
1	杆上配电变压器 （#××台区）	图 2-2
2	0.4 kV接地线	图 2-3
3	10 kV接地线	图 2-4

续表

序　号	工器具名称	图　片
4	验电	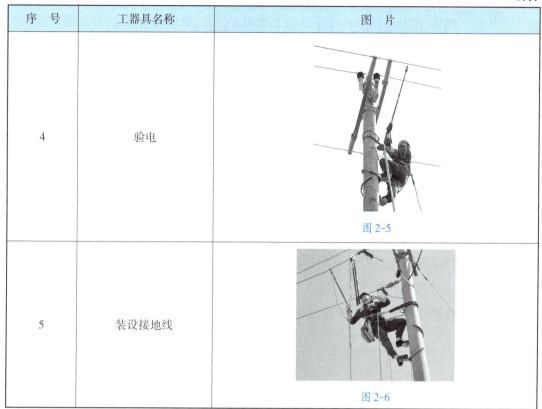图 2-5
5	装设接地线	图 2-6

（2）装设接地线的要求

①在打接地钎时,要保证接地良好,严禁使用其他金属线代替接地线,接地钎在地下深度不少于 600 mm。

②登杆装设接地线要求与登杆训练要求相同,此处不再赘述。

③装设 10 kV 高压接地线应先接接地端,后接导电端,接地线应接触良好,连接可靠。装设过程中,人体不得碰触接地线或未接地的导线。

④装设接地线应使用绝缘棒,绝缘棒手握部分应作出明显标识,详见表 2-2 中的图 2-6。

⑤同杆塔架设的多层电力线路装设接地线时,应先挂低压、后挂高压;先挂下层、后挂上层;先挂近侧、后挂远侧。

⑥现场工作不得少挂接地线或者擅自变更挂接地线地点。

⑦10 kV 高压接地线应规范编号,字体醒目。接地线编号与存放位置应一一对应,库房中存放的接地线不应有报废品;使用中的接地线编号应与工作票(操作票)填写、实际装设地点接地线编号一致。

⑧工作完毕要及时拆除接地线,拆接地线时的顺序与装设接地线的顺序相反。

⑨使用 10 kV 高压接地线时不得扭花,不用时应将软铜线盘好。接地线拆除后,不得从空中直接向下抛扔、随地乱摔或通过接地引下线向下过渡,要用绳索传递,注意保持接地线的清洁。

(3)装设接地线注意事项

①室外装设接地线应在天气良好的情况下进行,如遇雷、雨、雾、风力大于5级不得进行杆上作业。

②验电接地工作过程中,监护人的视线始终不能离开操作人员,随时提醒操作人员规范操作,监视操作人员与带电线路、设备之间的安全距离。

③有防止高空坠落、落物伤人、人身触电的措施。

3.装设接地线操作评分

装设接地线是保证人身安全非常重要的技术手段,也是停电检修任务中非常重要的工作内容之一。为提高装设接地线训练质量、规范装设接地线动作要领、统一训练标准,可按装设接地线操作评分细则对受训对象进行操作考核,具体考核内容及考核标准详见表2-3。

表2-3 装设接地线操作评分细则

班　级		学　号			学生姓名			
开始时间		结束时间			标准分	100分	得分	
操作项目名称		装设接地线(10 kV)				考核时限	20 min	
需要说明的问题和要求		1.要求单独操作,地面一人配合操作,设专人监护						
		2.要求着装正确(工作服、安全帽、劳保手套)						
		3.工器具由操作者自选,在实训场地10 kV培训线路上进行						
工具、材料、设备场地		工具袋、扳手、榔头、高压验电器、接地线、安全带、传递绳、登杆工具、绝缘手套、纱手套等						
评分标准	序号	步骤名称	质量要求	满分/分	评分标准		扣分原因	得分/分
	1.开工前的准备	1.1　着装	工作服、胶鞋、安全帽、手套、安全带、工具袋(钳子、扳手)、脚扣等	5	每少一件扣1分(须满足现场作业需要),安全帽下颚带未系每人每次扣2分			
		1.2　履行开工许可手续	作业前由指导老师向学生交代工作任务和必要的安全技术措施,并告知可以开工	5	作业人员要口头报告已知的工作任务、危险点和安全措施,并在工作票和作业指导书上签字,未告之扣2分			

续表

	序号	步骤名称	质量要求	满分/分	评分标准	扣分原因	得分/分
评分标准	1. 开工前的准备	1.3　登杆前检查	①工器具选择并进行检查 ②核对杆号及线路名称,对所登电杆及拉线进行检查	5	①材料、工器具要满足现场需要,一次准备到位。返回拿材料、工器具每次扣2分 ②未检查或检查方式不正确扣2~3分		
	2. 工作执行情况	2.1　安装接地线的接地极	连接点牢固、接地棒全部打入地	5	①接地体连接螺栓不牢固扣3分 ②接地体深度不足60 cm扣2分		
		2.2　登杆及下杆	①正确选择登杆方向 ②上下杆动作正确且无危险现象	5	①脚扣大小选择不合适扣3分;登杆不熟练扣2分 ②出现危险动作立即终止考试,本次考试不合格		
		2.3　验电	①验电站位正确,方便工作且保证安全距离 ②戴绝缘手套 ③验电方式和顺序正确	20	①人体与导线安全距离不足0.7 m扣10分;人体与导线距离不足0.3 m本次考试不及格 ②未使用绝缘手套扣5分 ③一次不正确扣5分		
		2.4　挂地线	①挂地线站位正确,方便工作且保证安全距离,正确使用安全带 ②挂地线操作顺序正确且人体不能触碰接地线	30	①工作位置不正确扣5分;安全带使用不正确扣5分 ②顺序不正确扣10分;人体触碰接地线一次扣10分		
		2.5　工器具传递	①杆上不得掉东西 ②正确使用绳结 ③吊绳不得缠绕	10	①杆上掉物扣3分 ②绳结打法不正确或不牢固扣4分 ③吊绳缠绕扣3分		

续表

	序号	步骤名称	质量要求	满分/分	评分标准	扣分原因	得分/分
评分标准	3.收工	履行竣工汇报手续和场地整理	①竣工时,工作负责人应履行工作汇报手续 ②清理现场,整理工器具材料 ③现场工作无吸烟等不文明行为	15	①未履行竣工汇报手续扣5分 ②未清点、整理工器具、材料扣5分 ③现场有遗留物每件扣1分 ④有不文明用语或行为的一次扣5分 ⑤每超过1 min倒扣1分,超过8 min时不给分,需补考		
指导老师签名:							

【训练成绩评定】

配电网架空线路及杆上设备的运行维护与检修项目大都属于高空作业,需要小组杆上作业人员和地面工作人员相互配合、相互关照才能顺利完成,在进行实操训练成绩评定时,应综合考核杆上和地面工作人员的劳动态度、组织纪律、准备程度、实际操作熟练程度、实训场地清理及工器具整理等要素,以满足配电网运维检修人员综合素质及技能提升的需要。训练成绩评定详见表2-4。

表2-4 训练成绩评定表

评定内容	劳动态度（10%）	组织纪律（10%）	准备程度（10%）	实际操作（60%）	场地工器具整理(10%)	总分/分
评定成绩						

项目3　停电更换10 kV线路耐张绝缘子

【项目描述】

应严格遵守《国家电网公司电力安全工作规程(配电部分)》和国家电网公司企业标准《配电网施工检修工艺规范》(Q/GDW 10742—2016)中的各项要求,培养遵章守纪的作业习惯,牢固树立安全作业意识,为保证检修人员的安全和被检修设备的工艺质量,检修人员需采用停电、设置安全措施后方可进行检修工作任务。登杆对10 kV线路耐张绝缘子进行更换,并对另两相绝缘子串进行清扫、检查,严把设备检修质量关,确保电网安全可靠运行。

【教学目标】

1.知识目标

通过本项目的训练,学生能讲述10 kV线路耐张绝缘子的结构特征,能书写《国家电网公司电力安全工作规程(配电部分)》中"4 保证安全的技术措施"的部分内容。

2.能力目标

通过本项目的训练,学生能按照停电更换耐张绝缘子考核标准要求,安全、规范、熟练地完成更换10 kV线路耐张绝缘子训练任务。

3.态度目标

通过本项目的训练,培养学生做事认真细致、积极主动地协助团队成员完成更换10 kV线路耐张绝缘子训练任务。

【项目训练要求】

为达到实训效果,操作人员应熟悉配电线路检修标准,掌握登杆及更换绝缘子的操作要领,并将其运用到配电线路运维及检修实际工作中。

1.安全要求

①进入作业现场应正确佩戴安全帽,穿工作服和绝缘鞋。

②登杆时需抓稳踏牢,安全带严禁低挂高用,转位时不得失去安全绳的后备保护。

③高处作业应使用工具袋。材料、工器具应使用绳索传递;严禁抛掷,上下杆时严禁碰撞电杆。杆下配合人员不得站在吊物的垂直正下方。其他无关人员严禁进入围栏内。

④防止紧线器及破损的瓷质绝缘子发生伤人事件,如图3-1、图3-2所示。

图3-1　紧线器　　　　　　图3-2　破损的瓷质绝缘子

2.注意事项

①检查新绝缘子瓷件与铁件的组合无歪斜现象且结合紧密,铁件镀锌良好;瓷釉光滑,无裂纹、缺釉、斑点、烧痕、气泡等瓷釉烧坏等缺陷,并应对绝缘子进行遥测。

②为了确保人身安全,结合实际工作情况,需向调控中心申请线路转检修,办理许可手续,现场设置安全措施,方可开始工作。

③日常工作中,线路因故停电消缺,如涉及绝缘子问题,在更换一相绝缘子完成后,需对另两相进行清扫检查,发现问题及时解决。

3.场地要求

①有1~2条10 kV架空配电线路,其中耐张电杆工位不少于2个。

②场地宽敞明亮,与其他实训场地的间隔距离应满足实训安全要求,便于按坠落半径装设安全围栏。

4.环境要求

暴雨、雷电、冰雹等恶劣天气,应停止露天高处作业。

【项目训练实施】

1.停电更换10 kV线路耐张一相绝缘子操作流程及质量控制点

（1）工作前准备（停电、验电、装设接地线等安全措施已做好）

①进入作业现场应正确佩戴安全帽,穿工作服和绝缘鞋。

②向调度中心申请线路转检修、办理许可手续及设置安全措施。

③检查安全工器具、材料等,应注意:

a.检查安全带、脚扣、紧线器、千斤头等安全工器具是否合格;检查是否在试验合格期内,调整是否合适,保险装置是否完好。

b.对绝缘子进行外观检查,并用2 500 V绝缘电阻表进行检测合格。

④三核对:核对线路电压等级、线路名称及杆号,如图3-3所示。

图3-3　三核对

⑤检查杆根、杆基、拉线时,应检查杆根是否牢固,埋深是否合格,杆身有无裂纹,拉线是否牢固可靠,如图3-4所示。

图3-4　拉线检查

⑥安全带、安全绳、脚扣的冲击试验,应注意:

a.安全带、安全绳冲击试验时,地面配合人员应保护操作人员,如图3-5、图3-6所示。

图3-5 安全带检查   图3-6 安全绳检查

b.脚扣进行冲击试验时,脚扣距离地面不能超过30 cm,如图3-7所示。

图3-7 脚扣检查

(2)拆除旧绝缘子

①登杆:应抓稳踏牢,脚扣不得打滑,安全带严禁低挂高用,转位时不得失去安全绳的后备保护,登至横担处,应检查横担是否牢固可靠。

②检查一相绝缘子串螺栓和开口销是否齐全。

③固定紧线器及紧线:千斤头固定在横担上及紧线器固定在导线上的位置应适当。

④分离绝缘子和导线:打好导线的后备保护,对导线进行冲击试验,检查是否有异常。

⑤旧绝缘子吊下杆:绳扣应正确,物件不得碰撞电杆,地面配合人员不得站在吊物的垂直正下方。

(3)安装新绝缘子

安装新绝缘子的步骤如下:

①绳扣应正确,物件不得碰撞电杆,地面配合人员不得站在吊物的垂直正下方。

②绝缘子安装应牢固、连接可靠、防止积水。与电杆、导线金具连接处，无卡压现象，绝缘子上的W形销由上向下穿，如图3-8、图3-9所示。

图3-8　新装绝缘子　　　图3-9　新装绝缘子W形销

③拆除导线后备保护和紧线器：紧线器拆除前对导线进行冲击试验，检查各部位是否受力。

④对另两相绝缘子串进行清扫、检查有无异常。

⑤检查杆上有无遗留物并下杆：应抓稳踏牢，脚扣不得打滑，安全带严禁低挂高用，转位时不得失去安全绳的后备保护。

（4）清理现场

①清理工器具、材料。

②汇报调度，办理终结手续。

2.停电更换10 kV架空线路耐张绝缘子操作评分细则

具体考核内容及考核标准详见表3-1。

表3-1　更换10 kV线路耐张绝缘子操作评分细则

班　级		学　号			学生姓名	
开始时间		结束时间		标准分	100分	得分
操作项目名称	停电更换10 kV架空线路耐张绝缘子			操作考核时限		30 min
需要说明的问题和要求	1.实训场地应满足实训要求，实训场地环境应满足安全要求 2.实训工位需要做好安全措施 3.训练时每个工位需要配备地面人员和监护人员					
工具、材料、设备场地	脚扣、安全带、安全帽、速差保护器、手套、电工工具、吊物绳、临时遮拦、标识牌、兆欧表、紧线器、卸扣、专用卡线器、悬式绝缘子若干片、千斤头、抹布1块、导线后备保护绳等。由操作者按有关规定选用					

续表

	序号	步骤名称	质量要求	满分/分	评分标准	扣分原因	得分/分
评分标准	1	准备工作	着装：穿整套工作服、穿胶鞋等	5	着装不正确每处扣3分		
			调度许可：申请线路转检修及安全措施	3	未履行许可手续扣3分		
			工器具准备：按项目要求检查脚扣、安全带、安全帽、速差保护器、紧线器等	5	每少一样扣1分		
			检查绝缘子外观及绝缘电阻遥测	5	每少检查一项扣2分		
	2	登杆作业	核对线路名称、电压等级及杆号	3	每少核对一项扣1分		
			检查杆根是否有裂纹，杆基、拉线是否牢固可靠	3	每少检查一项扣1分		
			登杆前对安全带、后备保护绳、脚扣进行冲击试验	5	每少操作一项扣1分		
			登杆：安全带、安全帽、脚扣使用方法正确、脚扣大小调整合适、登杆姿势正确、登杆动作安全协调熟练等	10	安全带低挂高用一次扣2分；登杆过程中脚扣未扣牢固出现打滑一次扣1分；登杆过程中出现落物一次扣2分		
	3	更换绝缘子	检查绝缘子串螺栓、开口销是否齐全	3	每少检查一项扣1分		
			打好紧线器及导线防跑后备保护绳	12	紧线器位置不正确扣5分；未打后备保护绳扣5分		
			绝缘子分离前冲击试验	5	未进行试验扣5分		
			取下旧绝缘子、安装新绝缘子	20	上下杆绝缘子碰撞电杆一次扣3分；W形销穿向错误扣3分；与金具连接处有卡压现象扣5分		
			松紧线器前对导线进行冲击试验	5	未进行试验扣5分		
			检查其他两相绝缘子	5	未检查扣5分		
			检查杆上是否有遗留物并下杆	5	未检查扣5分		

续表

	序号	步骤名称	质量要求	满分/分	评分标准	扣分原因	得分/分
评分标准	4	工作终结	检查工器具完备并摆放整齐	3	少检查一项扣1分		
			汇报调度办理终结手续	3	未办理终结手续扣3分		
	5	考核时间			每超过1 min扣2分,超过10 min计为不及格,需补考		
指导老师签名:							

【训练成绩评定】

配电网架空线路及杆上设备的运行维护与检修项目大都属于高空作业,需要小组杆上作业人员和地面工作人员相互配合、相互关照才能顺利完成,在进行实操训练成绩评定时,应综合考核杆上和地面工作人员的劳动态度、组织纪律、准备程度、实际操作熟练程度、实训场地清理及工器具整理等因素,以满足配电网运维检修人员综合素质及技能提升的需要。训练成绩评定详见表3-2。

表3-2　训练成绩评定表

评定内容	劳动态度（10%）	组织纪律（10%）	准备程度（10%）	实际操作（60%）	场地工器具整理（10%）	总分/分
评定成绩						

项目4 停电更换变压器台区高压侧避雷器

【项目描述】

作业人员应严格遵守《国家电网公司电力安全工作规程(配电部分)》和国家电网公司企业标准《配电网施工检修工艺规范》(Q/GDW 10742—2016)中的各项要求,培养遵章守纪的作业习惯,牢固树立安全的作业意识,为保证检修人员的安全和被检修设备的工艺质量,检修人员需采用停电、验电、装设接地线等安全措施后方可进行检修工作。登杆对避雷器进行更换,严把设备检修质量关,确保电网安全可靠运行。

【教学目标】

1.知识目标

通过本项目的训练,学生能讲述农网中使用避雷器种类及结构特性,能书写《国家电网公司电力安全工作规程(配电部分)》中"4 保证安全的技术措施"的部分内容。

2.能力目标

通过本项目的训练,学生能按照停电更换避雷器操作考核标准要求,安全、规范、熟练地完成停电更换变压器台区高压侧避雷器训练任务。

3.态度目标

通过本项目的训练,培养学生做事认真细致、积极主动地协助团队成员完成更换变压器台区高压侧避雷器训练任务。

【项目训练要求】

为达到实训效果,操作人员应熟悉配电线路检修标准,掌握登杆及更换避雷器的操作要领,并将其运用到配电线路运维及检修实际工作中。

1.安全要求

①进入作业现场应正确佩戴安全帽,穿工作服和绝缘鞋。

②登杆时需抓稳踏牢,安全带严禁低挂高用,转位时不得失去安全绳的后备保护。

③高处作业应使用工具袋。材料、工器具应使用绳索传递;严禁抛掷,上下杆时严禁碰撞电杆。杆下配合人员不得站在吊物的垂直正下方。其他无关人员严禁进入围栏内。

2.注意事项

①应对新避雷器进行外观检查及绝缘电阻测量。

②为了保证人身安全,结合实际工作情况,需向调控中心申请线路转检修,办理许可手续,现场设置安全措施,方可开始工作。

③日常工作中,线路因故停电消缺,如涉及避雷器问题,在更换一相避雷器完成后,需对另两相进行检查,发现问题及时解决。

3.场地要求

①标准杆上 10 kV 变压器台区。

②场地宽敞明亮,与其他实训场地的间隔距离满足实训安全要求,便于按坠落半径装设安全围栏。

4.环境要求

暴雨、雷电、冰雹等恶劣天气,应停止露天高处作业。

【项目训练实施】

1.更换变压器台区高压侧避雷器操作流程及质量控制点

(1)工作前准备(停电、验电、装设接地线等安全措施已做好)

①进入作业现场应正确佩戴安全帽,穿工作服和绝缘鞋。

②向调度中心申请线路转检修、办理许可手续及设置安全措施。

③检查安全工器具、材料等,应注意:

a.检查安全带、脚扣等工器具是否合格;是否在试验合格期内,调整是否合适,保险装置是否完好。

b.对避雷器进行外观检查,并用2 500 V及以上绝缘电阻表进行绝缘电阻检测,绝缘电阻值不低于1 000 MΩ为合格。

④三核对:核对线路电压等级、线路名称和杆号(图3-3)。

⑤检查杆根、杆基、拉线时,应检查杆根是否牢固,埋深是否合格,杆身有无裂纹,拉线是否牢固可靠(图3-4)。

⑥安全带、脚扣的冲击试验,应注意:

a.安全带冲击试验时,地面配合人员应保护操作人员。

b.脚扣进行冲击试验时,脚扣离地面不能超过30 cm。

(2)拆除旧避雷器

①登杆:应抓稳踏牢,脚扣不得打滑,安全带严禁低挂高用,转位时不得失去安全绳的后备保护,登至横担处,应检查横担是否牢固可靠。

②拆除旧避雷器及引线并用绳索吊下杆:绳扣应正确,物件不得碰撞电杆,地面配合人员不得站在吊物的垂直正下方,如图4-1所示。

图4-1 避雷器安装示意图

(3)安装新避雷器及引线

①避雷器的带电部分与相邻导线或金属架的距离不应小于350 mm;引线应短而直,连接应紧密、牢固,不应过紧或过松,与电气部分连接不应使避雷器产生外加应力,如图4-2所示。

图4-2 避雷器安装尺寸要求

②避雷器须垂直安装,倾斜角不应大于15°。

③三相避雷器接地端应短接,不能利用避雷器角铁横担代替引线。

④对另两相避雷器进行检查有无异常。

⑤检查杆上有无遗留物并下杆:应抓稳踏牢,脚扣不得打滑,安全带严禁低挂高用,转位时不得失去安全绳的后备保护。

(4)清理现场

①清理工器具、材料。

②汇报调度办理终结手续。

2.更换变压器台区高压侧避雷器操作评分细则

更换变压器台区高压侧避雷器操作具体考核内容及考核标准详见表4-1。

表4-1　更换变压器台区高压侧避雷器操作评分细则

班　级		学　号			学生姓名		
开始时间		结束时间			标准分	100分	得分
操作项目名称		更换变压器台区高压侧避雷器			操作考核时限		20 min
需要说明的问题和要求		1.实训场地应满足实训要求,实训场地环境应满足安全要求 2.实训工位需要做好安全措施 3.训练时每个工位需要配备地面配合人员和监护人员 4.实训工位为双杆台架配电变压器台区					
工具、材料、设备场地		脚扣、安全带、安全帽、速差保护器、手套、电工工具、吊物绳、临时遮拦、标识牌、10 kV氧化锌或其他型号避雷器1组、2 500 V绝缘电阻表1只、抹布1块、各种规格连接线、铜鼻子、垫片等。由操作者按有关规定选用					

	序号	步骤名称	质量要求	满分/分	评分标准	扣分原因	得分/分
评分标准	1	准备工作	着装:穿整套工作服、穿胶鞋等	5	着装不正确每处扣3分		
			调度许可:申请线路转检修及安全措施	3	未履行许可手续扣3分		
			工器具准备:按项目要求检查脚扣、安全带、安全帽、速差保护器等	5	每少一样扣1分		
			检查避雷器外观及遥测	5	每少检查一项扣2分		

续表

	序号	步骤名称	质量要求	满分/分	评分标准	扣分原因	得分/分
评分标准	2	登杆作业	核对线路名称、电压等级及杆号	3	每少核对一项扣1分		
			检查杆根是否有裂纹,杆基、拉线是否牢固可靠	3	每少检查一项扣1分		
			登杆前对安全带、后备保护绳、脚扣进行冲击试验	5	每少操作一项扣1分		
			登杆:安全带、安全帽、脚扣使用方法正确、脚扣大小调整合适、登杆姿势正确、登杆动作安全协调熟练等	10	安全带低挂高用一次扣2分;登杆过程中脚扣未扣牢固出现打滑一次扣1分;登杆过程中出现落物一次扣2分		
	3	更换避雷器	拆除旧避雷器并用绳索吊下杆	5	发生物件跌落一次扣2分		
			安装新避雷器:避雷器的带电部分与相邻导线或金属架的距离不应小于350 mm。引线应短而直,连接应紧密、牢固,不应过紧或过松,与电气部分连接不应使避雷器产生外加应力。避雷器须垂直安装,倾斜角不应大于15°。引下线接地要可靠,接地电阻值不大于10 Ω,三相避雷器接地端应短接,不能利用避雷器角铁横担代替引线	40	不符合工艺要求一处扣5分		
			检查其他两相避雷器是否正常	5	未检查扣5分		
			检查杆上是否有遗留物并下杆	5	未检查扣5分		
	4	工作终结	检查工器具完备并摆放整齐	3	少一项扣1分		
			汇报调度办理终结手续	3	未办理终结手续扣3分		
	5	考核时间			每超过1 min扣2分,超过10 min计为不及格,需补考		

指导老师签名:

【训练成绩评定】

配电网架空线路及杆上设备的运行维护与检修项目大都属于高空作业,需要小组杆上作业人员和地面工作人员相互配合、相互关照才能顺利完成。在进行实操训练成绩评定时,应综合考核杆上和地面工作人员的劳动态度、组织纪律、准备程度、实际操作熟练程度、实训场地清理及工器具整理等因素,以满足配电网运维检修人员综合素质及技能提升的需要。训练成绩评定详见表4-2。

表4-2 训练成绩评定表

评定内容	劳动态度（10%）	组织纪律（10%）	准备程度（10%）	实际操作（60%）	场地工器具整理（10%）	总分/分
评定成绩						

项目5　停电更换隔离开关

【项目描述】

通过对10 kV架空线路杆上隔离开关的学习,了解其性能特点及常见故障,掌握隔离开关消除缺陷的方法和停电更换隔离开关的作业方法。作业人员应严格遵守《国家电网公司电力安全工作规程(配电部分)》和国家电网公司企业标准《配电网施工检修工艺规范》(Q/GDW 10742—2016)中的各项要求,培养遵章守纪的作业习惯,牢固树立安全作业意识,为保证检修人员的安全和被检修设备的工艺质量,检修人员需采用停电、验电、装设接地线等安全措施后方可进行检修工作。登杆对隔离开关进行更换,严把设备检修质量关,确保电网安全可靠运行。

1.隔离开关的定义

隔离开关是一种主要用于"隔离电源、倒闸操作、用以连通和切断小电流电路",无灭弧功能的开关器件。隔离开关在分位置时,触头间有符合规定要求的绝缘距离和明显的断开标志;在合位置时,能承载正常回路条件下的电流及在规定时间内异常条件(如短路)下的电流的开关设备。一般用作高压隔离开关,即额定电压在1 kV以上的隔离开关,其本身的工作原理及结构比较简单,但由于使用量大,工作可靠性要求高,对变电所、电厂的设计、建立和安全运行的影响均较大。隔离开关的主要特点是无灭弧能力,只能在没有负荷电流的情况下分合电路。

2.隔离开关的特点

①在电气设备检修时,提供一个电气间隔,并且是一个明显可见的断开点,用以保障维护人员的人身安全。

②隔离开关不能带负荷操作:不能带额定负荷或大负荷操作,不能分、合负荷电流和短路电流,但是有灭弧室的可以带小负荷及空载线路操作。

③一般送电操作时:先确保线路在不带负荷的情况下合上隔离开关;断电操作时:先将线路不带负荷或者断开断路器或负荷类开关,后断开隔离开关。

④选用时和其他电气设备相同,其额定电压、额定电流、动稳定电流、热稳定电流等都必须符合使用场合的需要。

隔离开关的作用是断开无负荷电流的电路。使所检修的设备与电源有明显的断开点,以保证检修人员的安全,因为隔离开关没有专门的灭弧装置不能切断负荷电流和短路电流,所以必须在断路器断开电路的情况下才可操作隔离开关。

3.隔离开关的常见故障

①接触部分过热。

②瓷质绝缘损坏和闪络放电。

③拒绝拉、合闸。

④错误拉、合闸。

⑤开关电动操作失灵。

⑥开关触头熔焊变形、绝缘子破损、严重放电。

⑦开关合不到位。

4.隔离开关的故障处理

采用停电检修方式登杆,一人单独杆上作业进行消缺处理。

【教学目标】

1.知识目标

通过本项目的训练,学生能讲述农网中使用的隔离开关的作用及结构特征,能书写《国家电网公司电力安全工作规程(配电部分)》中"4 保证安全的技术措施"的部分内容。

2.能力目标

通过本项目的训练,学生能按照停电更换隔离开关操作考核标准要求安全、规范、熟练地完成更换隔离开关训练任务。

3.态度目标

通过本项目的训练,培养学生做事认真细致、积极主动地协助团队成员完成更换隔离开关训练任务。

【项目训练要求】

1.训练任务

登杆更换隔离开关,接地线装设、安全围栏设置等安全措施已做好。

2.训练场地要求

①备用2组新隔离开关及相关备品备件。

②在不少于2基12 m高的锥形混凝土电杆(或等径杆)上安装一组隔离开关,每基电杆处设观察平台一处,并配备对讲机。

3.训练环境要求

登杆场地通风良好,场地整洁卫生,与其他实训场地的间隔距离应满足登杆实训安全要求,便于装设安全围栏。

4.登杆训练安全要求

①学习《国家电网公司电力安全工作规程(配电部分)》并经考试合格。

②熟悉登杆训练安全协议内容,并签安全协议书。

③遵守实训场地管理制度及安全管理制度等。

④按照《国家电网公司电力安全工作规程(配电部分)》要求布置登杆训练各工位的安全围栏、标识标牌、警示牌等。

【项目训练实施】

1.工器具准备

更换隔离开关所需的工器具及数量,见表5-1。

表5-1　更换隔离开关所需的工器具及数量

名　　称	数　　量	名　　称	数　　量	名　　称	数　　量
脚扣	2副	隔离开关	2组	纱手套	按人员配置
安全带	4副	安全帽	按人员配置	工具袋	4个
纤绳头	2副	绝缘摇表	2个	传递绳	2根
滑轮(0.5 t)	2个	抹布	2块	备品备件	按需配置

2.登杆更换隔离开关

(1)登杆前检查

①上杆前检查登杆所需的安全工器具是否在试验合格期内,各转动机构是否灵活、有无卡涩。

②检查所需材料是否合格并对隔离开关进行试验(使用2 500 V表进行绝缘电阻测试,测试值不低于1 000 MΩ)。然后检查隔离刀闸各部件、附件、备件是否齐全,有无损伤变形及锈蚀。检查隔离开关合、分闸是否灵活,合上后触点接触应良好,弹簧片弹性正常,对隔离开关进行分合闸试验3次。

③现场"三核对",即核对电压等级、线路名称及杆号。

④检查杆根应牢固,埋深合格,杆身无纵向裂纹,横向裂纹符合要求。

⑤检查拉线是否牢固、是否有锈蚀、断股、紧固螺丝松动等现象。

(2)更换隔离开关要求

①上杆时换好工作鞋,系好安全带,戴好安全帽,携带好工具袋(扳手2把、钢丝钳1把),登杆至更换隔离开关位置时,调整好自己的作业站位,左侧作业左脚在下,系好后备保护绳。

②用扳手拆除需要更换的隔离开关的两侧端头引线。

③用绳索固定即将拆除的隔离开关,地面配合人员使绳索受力、防止在拆除过程中高空落物伤人。

④将需更换的隔离开关使用绳索传递至地面配合人员。

⑤地面配合人员放下旧隔离开关,用绳索系好新隔离开关传递至杆上作业人员进行安装。

⑥隔离开关的安装相间距离不小于500 mm,误差不应大于10 mm。

⑦隔离开关的本体(各支柱绝缘子)间应连接牢固;安装时可用金属垫片校正其水平或垂直偏差,使触头对准,接触良好;其缝隙应用腻子抹平后涂以导电膏。

⑧隔离开关的本体(各支柱绝缘子)应垂直于底座平面且连接牢固;同一绝缘子柱的各绝缘子中心线应在同一垂直线上;同相各绝缘子柱的中心线应在同一垂直平面内。

⑨安装完成后对隔离开关进行分合闸试验3次。同时应注意:

a.隔离开关动触头连接负荷侧,静触头连接电源侧。

b.电气连接应可靠,接触良好。

c.引线固定要牢固,绑扎方法正确。

d.引线与隔离开关接触点要使用细刷布打磨并涂好导电膏,铜铝连接应有可靠的过渡措施。

e.下杆时,注意身体平衡,动作舒缓。

(3)更换隔离开关的注意事项

①雷雨天气时,禁止露天高处作业。停电检修的线路在未验明导线无电压前,严禁登杆。

②杆上作业时,不应摘除脚扣,安全带应可靠受力。

③系好安全带后,必须检查扣环是否扣牢。杆上作业转位时,不得失去安全带保护,安全带必须系在牢固的构件或电杆上。应防止安全带从杆顶脱出或被锋利物割伤。

④现场人员应戴安全帽,杆下严禁无关人员逗留。

⑤隔离开关动、静触头方向正确,动触头为受电侧、静触头为送电侧。

⑥传递隔离开关时严禁碰杆。作业人员禁止站在起吊物的正下方。

3.停电更换隔离开关操作评分

隔离开关是农配电网中常用的开关电器之一,对杆上隔离开关的运行维护、保养及检修是从事配电线路运检人员的重要工作内容。为了提高更换隔离开关训练质量、规范更换隔离开关动作、统一训练标准,可按更换隔离开关操作评分细则对受训对象进行操作考核,详见表5-2。

表5-2 停电更换隔离开关操作评分细则

班 级		学 号			学生姓名			
开始时间		结束时间			标准分	100分	得分	
操作项目名称		停电更换隔离开关			操作考核时限		45 min	
需要说明的问题和要求		1.登杆实训场地应满足实训要求,实训场地环境应满足安全要求 2.登杆实训工位需要做好安全措施 3.登杆训练时每个工位需要配备地面人员和监护人员						
工具、材料、设备场地		具有2基及以上混凝土电杆上安装的隔离开关配电实训场,脚扣、安全带、安全帽、扳手、钢丝钳、速差保护器、手套、临时遮拦及标识牌等						
评分标准	序号	步骤名称	质量要求	满分/分	评分标准		扣分原因	得分/分
	1	作业前准备	①着装:穿整套工作服及工作胶鞋(需系带式) ②进考前汇报	7	①未正确着装扣5分 ②未汇报就进入考场考试扣2分			
			①工器具及材料选择齐备 ②摇表型号选择及绝缘电阻检测正确	7	①工器具少选或漏选每件扣1分(此项共3分) ②未对隔离开关进行清理扣2分 ③未对隔离开关进行绝缘电阻遥测试验扣2分			

续表

序号	步骤名称	质量要求	满分/分	评分标准	扣分原因	得分/分
评分标准	1	作业前准备	①现场三核对 ②工器具检查 ③杆(塔)基础、杆身、拉线检查 ④脚扣、安全带冲击试验	12	①未进行三核对扣2分 ②未检查安全工器具扣2分 ③未对杆(塔)基础、杆身、拉线进行检查扣2分 ④未对保险带(含后备绳)、脚扣进行冲击试验每项扣2分(此项共4分) ⑤未对隔离开关进行分合闸试验3次的扣1分 ⑥未对隔离开关动、静触头及两侧引线连接处用细刷布打磨并未涂导电膏扣1分		
	2	更换隔离开关	登杆动作规范,速度均匀,防止脚扣打滑	18	①脚扣打滑一次扣2分(此项共4分) ②脚扣掉下扣5分 ③未使用保险带上杆或保险带低挂高用扣5分 ④穿越横担或障碍物时,未交替使用后备绳扣2分 ⑤到达横担、电杆焊口前未进行锈蚀及连接检查扣2分(此项共4分)		
			①工作前应站好位置,系好后备绳,禁止右侧工作左脚在下 ②拆除需要更换的隔离开关的两侧端头引线 ③用绳索固定即将拆除的隔离开关,防止高空落物伤人 ④将需要更换的隔离开关使用绳索传递至地面配合人员 ⑤使用绳索传递新隔离开关并进行安装	15	①站位不正确扣2分 ②拆隔离开关前未固定扣1分 ③传递工器具碰撞一次扣1分(此项共2分) ④动、静触头安装位置错误扣2分 ⑤安装倾斜扣不牢扣2分 ⑥未对新安装隔离开关进行分合闸试验3次的扣2分		

续表

	序号	步骤名称	质量要求	满分/分	评分标准	扣分原因	得分/分
评分标准	2	更换隔离开关	⑥隔离开关的安装相间距离不小于500 mm,误差不应大于10 mm ⑦隔离开关的本体(各支柱绝缘子)间应连接牢固;安装时可用金属垫片校正其水平或垂直偏差,使触头对准,接触良好;其缝隙应用腻子抹平后涂以导电膏 ⑧隔离开关的本体(各支柱绝缘子)应垂直于底座平面且连接牢固;同一绝缘子柱的各绝缘子中心线应在同一垂直线上;同相各绝缘子柱的中心线应在同一垂直平面内 ⑨安装完成后对隔离开关进行分合闸试验3次		⑦高空掉物一次扣2分(此项共4分)		
			①隔离开关动触头连接负荷侧,静触头连接电源侧 ②电气连接应可靠,接触良好 ③引线固定要牢固,绑扎方法正确 ④引线与隔离开关接触点要使用细刷布打磨并涂好导电膏,铜铝连接应有可靠的过渡措施	16	①进出线安装方向错误扣2分 ②连接不牢固扣2分 ③动、静触头未打磨扣2分 ④未涂抹导电膏扣5分 ⑤未采取可靠的过渡措施扣5分		
			对已完成更换的隔离开关进行全面自检	5	未进行自检和清理的扣5分		
			下杆动作规范,速度均匀,防止脚扣打滑	10	①脚扣打滑或脚扣掉下扣5分 ②未使用保险带下杆或保险带低挂高用扣3分 ③穿越横担或障碍物时,未交替使用后备绳扣2分		

续表

	序号	步骤名称	质量要求	满分/分	评分标准	扣分原因	得分/分
评分标准	3	工作终结	场地清理:按指导老师要求打扫实训场地、整理安全围栏等	3	未按指导老师要求清理的酌情扣分		
			工器具整理:按指导老师要求整理工器具等	2	未按指导老师要求整理的酌情扣分		
			工作汇报:登杆工作结束后及时向指导老师汇报	5	未按要求进行汇报的酌情扣分		
	4	考核时间			每超过1 min扣2分,超过10 min计为不及格,需补考		

指导老师签名:

【训练成绩评定】

　　停电更换10 kV架空线路隔离开关属于高空作业,需要小组杆上作业人员和地面工作人员相互配合、相互关照才能顺利完成。在进行实操训练成绩评定时,应综合考核杆上和地面工作人员的劳动态度、组织纪律、准备程度、实际操作熟练程度、实训场地清理及工器具整理等因素,以满足配电网运维检修人员综合素质及技能提升的需要。训练成绩评定详见表5-3。

表5-3　训练成绩评定表

评定内容	劳动态度（10%）	组织纪律（10%）	准备程度（10%）	实际操作（60%）	场地工器具整理（10%）	总分/分
评定成绩						

项目6 停电更换断路器

【项目描述】

通过对 10 kV 架空线路杆上断路器的学习,了解其性能特点及常见故障,掌握断路器消除缺陷的方法和停电更换断路器的作业方法。作业人员应严格遵守《国家电网公司电力安全工作规程(配电部分)》和国家电网公司企业标准《配电网施工检修工艺规范》(Q/GDW 10742—2016)中的各项要求,培养遵章守纪的作业习惯,树立牢固的安全作业意识,为保证检修人员的安全和被检修设备的工艺质量,检修人员需要采用停电、验电、装设接地线等安全措施后方可进行检修工作。登杆对断路器进行更换,严把设备检修质量关,确保电网安全可靠运行。

1.断路器的定义

断路器是一种具有灭弧功能的开关器件。能和保护装置配合切断故障电流,保证被检修设备和人员的安全。

2.断路器的特点

在配电网中应用较为普及的是真空断路器。真空断路器具有以下特点:
①介质损耗小;触头开距小(触头开距只有 10 mm 左右),动作快,体积小、质量小。
②触头电磨损小、燃弧时间短、触头烧损影响小、使用寿命长。
③熄弧后触头间隙介质恢复速度快,对开断近区故障性能较好。
④有效降低机械冲击,提高操作次数,加快动作时间。
⑤良好的真空介质,在断路器使用期间无须检修。
⑥防火防爆;操作和运行时噪声小;适用于频繁操作。

3.断路器的常见故障

①接触部分过热。

②瓷质绝缘损坏和闪络放电。

③拒绝拉、合闸。

④错误拉、合闸。

⑤开关电动操作失灵。

⑥开关触头熔焊变形、绝缘子破损、严重放电。

⑦开、关合不到位。

4.断路器的故障处理

采用停电检修方式,作业人员登杆进行断路器消缺处理或更换断路器。

【教学目标】

1.知识目标

通过本项目的训练,学生能讲述农网中使用的断路器种类及结构特征,能书写《国家电网公司电力安全工作规程(配电部分)》中"4 保证安全的技术措施"的部分内容。

2.能力目标

通过本项目的训练,学生能按照停电更换杆上断路器操作考核标准要求,安全、规范、熟练地完成更换断路器训练任务。

3.态度目标

通过本项目的训练,培养学生做事认真细致、积极主动地协助团队成员完成更换断路器训练任务。

【项目训练要求】

1.训练任务

登杆更换断路器(柱上),装设接地线、设置安全围栏等安全措施已做好。

2.训练场地要求

①备用2台新断路器及相关备品备件。

②在不少于2基12 m高的锥形混凝土电杆(或等径杆)上安装一台断路器,每基电杆处设观察平台一处,并配备对讲机。

3.训练环境要求

登杆场地通风良好,场地整洁卫生,与其他实训场地的间隔距离满足登杆实训安全要求,便于装设安全围栏;如使用吊车更换,现场环境应满足吊车摆放及操作。

4.登杆训练安全要求

①学习《国家电网公司电力安全工作规程(配电部分)》并经考试合格。

②熟悉登杆训练安全协议内容,并签安全协议书。

③遵守实训场地管理制度及安全管理制度等。

④按照《国家电网公司电力安全工作规程(配电部分)》要求布置登杆训练各工位的安全围栏、标识标牌、警示牌等。

【项目训练实施】

1.工器具准备

更换断路器所需的工器具及数量,见表6-1。

表6-1　更换断路器所需的工器具及数量

名　称	数　量	名　称	数　量	名　称	数　量
脚扣	2副	断路器	2台	手套	按人员配置
安全带	4副	安全帽	按人员配置	工具袋	4个
钢丝纤绳头	4副	铝滑轮	2个	传递绳	4根
铁滑轮(1.5T)	4个	备品备件	按需配置	吊车	1台(此项为使用吊车更换)

2.登杆更换断路器

(1)登杆前检查

①上杆前检查登杆所需的安全工器具是否在试验合格期内,各转动机构是否灵活、有无卡涩。

②检查所需材料是否合格并对断路器进行试验(使用2 500 MΩ表进行绝缘电阻测试,测试值≥1 000 MΩ)。然后检查断路器各部件、附件、备件是否齐全,有无损伤变形及锈蚀。检查断路器合、分闸是否灵活,合上后触点接触应良好,弹簧片弹性正常,对断路器进行分合

闸试验3次。

③现场三核对。

④检查杆根应牢固,埋深合格,杆身无纵向裂纹,横向裂纹符合要求。

⑤检查拉线是否牢固,是否有锈蚀、断股、紧固螺丝松动等现象。

(2)更换断路器要求

①上杆时换好工作鞋,系好安全带,戴好安全帽,携带好工具袋(每人扳手2把、钢丝钳1把),登杆至更换断路器位置时,调整好自己的作业站位,左侧作业左脚在下,系好后备保护绳。

②用扳手拆除需要更换的断路器的两侧端头引线。

③用纤绳头在杆顶横担针对断路器中央处挂好滑轮,再用钢丝绳纤绳头两端U形卸扣固定好即将拆除的断路器,地面配合人员使绳索受力、防止在拆除过程中高空落物伤人。拆除断路器底座连接的固定螺栓。

④将需要更换的断路器使用绳索传递至地面配合人员。

⑤地面配合人员放下旧断路器,用绳索系好新断路器至杆上作业人员进行安装。

⑥断路器的本体(各支柱绝缘子)间应连接牢固;安装时可用金属垫片校正其水平或垂直偏差,使触头对准,接触良好;其缝隙应用腻子抹平后涂导电膏。

⑦断路器的本体应垂直于底座平面且连接牢固。

⑧安装完成后对断路器进行分、合闸试验3次。同时应注意:

a.断路器动触头连接负荷侧,静触头连接电源侧。

b.电气连接应可靠,接触良好。

c.引线固定要牢固,绑扎方法正确。

d.引线与断路器接触点要使用细刷布打磨并涂好导电膏,铜铝连接应有可靠的过渡措施。

e.下杆时,注意身体平衡,动作舒缓。

(3)更换断路器的注意事项

①雷雨天气时,禁止露天高处作业。停电检修的线路在未验明导线无电压前,严禁登杆。

②杆上作业时,不应摘除脚扣,安全带应可靠受力。

③系好安全带后,必须检查扣环是否扣牢。杆上作业转位时,不得失去安全带保护,安全带必须系在牢固的构件或电杆上。应防止安全带从杆顶脱出或被锋利物割伤。

④现场人员应戴安全帽,杆下严禁无关人员逗留。

⑤断路器动、静触头方向正确,动触头为受电侧、静触头为送电侧。

⑥传递断路器时严禁碰杆。作业人员禁止站在起吊物的正下方。

⑦使用人工利用绳索起吊断路器一定要确保地面配合人员数量充足,绳索应满足悬吊长度,防止断路器下滑或掉落。

3. 停电更换杆上断路器操作评分

断路器具有停、送电控制以及与继电保护配合切除故障的功能,是实现配电网智能化非常重要的开关设备之一。对杆上断路器的运行维护、保养及检修是从事配电线路运检人员的重要工作内容。为提高杆上断路器的安装质量、规范更换杆上断路器的工作流程、统一训练标准,可按更换杆上断路器操作评分细则对受训学员进行操作训练及考核,详见表6-2。

表6-2 停电更换杆上断路器操作评分细则

班 级		学 号			学生姓名		
开始时间		结束时间		标准分	100分	得分	
操作项目名称		停电更换杆上断路器		操作考核时限		45 min	
需要说明的问题和要求		1.登杆实训场地应满足实训要求,实训场地环境应满足安全要求 2.登杆实训工位需要做好安全措施 3.登杆训练时每个工位需要配备地面配合人员和监护人员					
工具、材料、设备场地		脚扣、安全带、安全帽、扳手、钢丝钳、速差保护器、手套、临时遮拦及标识牌等,具有2基及以上混凝土电杆上安装的断路器配电实训场					

	序号	步骤名称	质量要求	满分/分	评分标准	扣分原因	得分/分
评分标准	1	作业前准备	①着装:穿整套工作服及工作胶鞋(需系带式) ②进考前汇报	7	①未正确着装扣5分 ②未汇报就进入考场考试扣2分		
			①工器具及材料选择齐备 ②摇表型号选择及断路器绝缘电阻检测正确	7	①工器具少选或漏选每件扣1分(此项共3分) ②未对断路器进行清理扣2分 ③未对断路器进行绝缘电阻检测试验扣2分		
			①现场三核对 ②工器具检查 ③杆(塔)基础检查	12	①未进行三核对扣2分 ②未检查安全工器具扣2分 ③未对杆基(包括拉线、杆身)进行检查扣2分 ④未对保险带(含后备绳)、脚扣进行冲击试验每项扣2分(此项共4分)		

续表

序号	步骤名称	质量要求	满分/分	评分标准	扣分原因	得分/分
评分标准	1	作业前准备			⑤未对断路器进行分、合闸试验3次扣1分 ⑥未对断路器动、静触头及两侧引线连接处用细刷布打磨并未涂导电膏扣1分		
	2	更换断路器	登杆动作规范,速度均匀,防止脚扣打滑	18	①脚扣打滑一次扣2分(此项共4分) ②脚扣掉下扣5分 ③未使用保险带上杆或保险带低挂扣5分 ④穿越横担或障碍物时未交替使用后备绳扣2分 ⑤到达横担、电杆焊口前未检查锈蚀及连接情况扣2分(此项共4分)		
			①工作前应站好位置,系好后备绳,禁止右侧工作左脚在下 ②拆除需要更换的断路器的两侧端头引线 ③用绳索固定即将拆除的断路器,防止高空落物伤人 ④将需要更换的断路器使用绳索传递至地面配合人员 ⑤使用绳索传递新断路器进行安装 ⑥断路器的本体应连接牢固;安装时可用金属垫片校正其水平或垂直偏差,使触头对准,接触良好;其缝隙应用腻子抹平后涂导电膏 ⑦断路器的本体(各支柱绝缘子)应垂直于底座平面且连接牢固;同一绝缘子柱的各绝缘子中心线应在同一垂直线上;同相各绝缘子柱的中心线应在同一垂直平面内 ⑧安装完成后对断路器进行分合闸试验3次	15	①站位不正确扣2分 ②拆断路器前未固定扣1分 ③传递工器具碰撞一次扣1分(此项共2分) ④动、静触头安装位置错误扣2分 ⑤安装倾斜、不牢固扣2分 ⑥未对新安装断路器进行分、合闸试验3次的扣2分 ⑦高空掉物一次扣2分(此项共4分)		

续表

	序号	步骤名称	质量要求	满分/分	评分标准	扣分原因	得分/分
评分标准	2	更换断路器	①断路器动触头连接负荷侧,静触头连接电源侧 ②电气连接应可靠,接触良好 ③引线固定要牢固,绑扎方法正确 ④引线与断路器接触点要使用细刷布打磨并涂好导电膏,铜铝连接应有可靠的过渡措施	16	①进出线安装方向错误扣2分 ②连接不牢固扣2分 ③动、静触头未打磨扣2分 ④未涂抹导电膏扣5分 ⑤未采取可靠的过渡措施扣5分		
			对已完成更换的断路器进行全面自检	5	未进行自检和清理的扣5分		
			下杆动作规范,速度均匀,防止脚扣打滑	10	①脚扣打滑或脚扣掉下扣5分 ②未使用保险带下杆或保险带低挂高用扣3分 ③穿越横担或障碍物时未交替使用后备绳扣2分		
	3	工作终结	场地清理:按指导老师要求打扫实训场地、整理安全围栏等	3	未按指导老师要求清理的酌情扣分		
			工器具整理:按指导老师要求整理工器具等	2	未按指导老师要求整理的酌情扣分		
			工作汇报:登杆工作结束后及时向指导老师汇报	5	未按要求进行汇报的酌情扣分		
	4	考核时间			每超过1 min扣2分,超过10 min计为不及格,需补考		

指导老师签名:

【训练成绩评定】

停电更换10 kV架空线路断路器属于高空作业,需小组杆上作业人员和地面工作人员相互配合、相互关照才能顺利完成。在进行实操训练成绩评定时,应综合考核杆上和地面工作人员的劳动态度、组织纪律、准备程度、实际操作熟练程度、实训场地清理及工器具整理等因素,以满足配电网运维检修人员综合素质及技能提升的需要。训练成绩评定详见表6-3。

表6-3　训练成绩评定表

评定内容	劳动态度（10%）	组织纪律（10%）	准备程度（10%）	实际操作（60%）	场地工器具整理（10%）	总分/分
评定成绩						

项目 7　停电修补导线

【项目描述】

导线在展放施工过程中,容易出现不同程度的损伤情况。在运行过程中,与金具瓷瓶接触有一定磨损,不可避免地受自然灾害(如雷击)或外力破坏(如放炮)的作用致使导线机械损伤或引起短路放弧烧伤导线的情况,从而影响导线的机械强度。由于农村 10 kV 及以下的架空电力电路所采用的小截面导线较多,且多采用人力放线,经过地形环境复杂,导线受损概率更大,当强度影响到一定程度未及时采取有效补偿措施时,会影响线路的安全可靠运行。根据导线损伤程度的不同应采取不同的处理方式,有缠绕或补修预绞丝修补、补修管补修、接续管重接等方式,本项目以最常见的缠绕或补修预绞丝补修为例。

根据《10 kV 及以下架空配电线路设计技术规程》(DL/T 5220—2005)和《电气装置安装工程 35 kV 及以下架空电力线路施工及验收规范》(GB 50173—2014)的相关要求,当采用缠绕或补修预绞丝补修时,应符合下列规定:

①铝绞线单股损伤深度达到或超过单股直径的 1/2,但强度损失不超过总拉断力的 5%。

②钢芯铝绞线单股损伤深度达到或超过单股直径的 1/2,强度损失达到或超过总拉断力的 4%、不超过 5%,且截面积损伤达到或超过 5%、不超过 7%。

【教学目标】

1.知识目标

通过本项目的训练,学生能讲述农网中使用的导线型号和导线修补的方法及要求,能书写《国家电网公司电力安全工作规程(配电部分)》中"4 保证安全的技术措施"的部分内容。

2.能力目标

通过本项目的训练,学生能按照停电修补导线操作考核标准要求,安全、规范、熟练地完成修补导线训练任务。

3.态度目标

通过本项目的训练,培养学生做事认真细致、积极主动地协助团队成员完成修补导线训练任务。

【项目训练要求】

1.训练任务

缠绕或补修预绞丝补修导线。

2.训练场地要求

应能同时训练6组及以上,每一工位需有固定导线的装置,用于固定被修补导线的两端,便于学员操作。

3.训练环境要求

室内训练场地应通风良好,整洁卫生。工位与工位之间的间隔距离在不妨碍相互训练的基础上应有足够的安全距离和留有检查通道。

4.修补导线的安全要求

①熟知修补导线存在的危险点及预控措施。
②遵守实训场地管理制度及安全管理制度等。
③按照《国家电网公司电力安全工作规程(配电部分)》要求布置训练各工位的安全围栏、标识标牌、警示牌等。

【项目训练实施】

1.工器具准备

修补导线所需的工器具、材料及数量,见表7-1。

表7-1　修补导线所需的工器具、材料及数量

名　称	数　量	名　称	数　量	名　称	数　量
常用个人工具	6套	钢卷尺	6把	记号笔	6支
导电膏	根据需要配置	安全帽	6顶	工具袋	6个
汽油	根据需要配置	擦布	6块	纱手套	根据人员配置
钢丝刷	6把				

2.缠绕或补修预绞丝补修导线训练

（1）训练前的准备

①确定训练工位后，根据导线损伤状况判断是否符合上述项目内容，损伤情况轻于项目内容时可只使用0号砂纸磨光损伤处的棱角与毛刺，损伤情况重于项目内容时应进行补修管补修或者开断重接。

②若符合项目内容，应根据导线的规格型号选择相应材质的铝单丝或相应规格的补修预绞丝。铝单丝长度应能覆盖损伤范围，且超出损伤部分两端各30 mm，总长度不得少于100 mm，损伤面积较大的，总长度相应增加；将铝单丝缠绕成直径约150 mm的线圈。补修预绞丝规格应与被补修导线规格相匹配，长度应能覆盖损伤部位且不得少于3个节距，或应符合现行国家标准《电力金具》预绞丝中的规定。

（2）补修时的要求及步骤

①应正确佩戴安全帽，穿全身工作服和工作鞋，戴好纱手套。

②将损伤处的线股处理平整，缠绕或者补修预绞丝中心应位于损伤最严重处，应与导线紧密接触，将损伤处全部覆盖。

③当采用缠绕方式时应选用与导线同金属的单股线为缠绕材料时，其直径不应小于2 mm；先平行导线方向平压一段单丝再缠绕，缠绕时压紧；缠绕时铝单丝垂直导线，顺导线绞制方向缠绕，缠绕应紧密，缠绕完毕铝单丝两端互绞并压平紧靠导线，长度不应小于100 mm。详见表7-2中的图7-1。

④当采用补修预绞丝时应先用蘸有汽油的棉布清洁导线和预绞丝，用钢丝刷来回刷导线和预绞丝，刷掉污垢，清除长度为预绞丝的2倍；待汽油挥发后，用干净的抹布再次擦拭，将安装位置用记号笔标记，然后涂抹导电膏；最后将补修预绞丝进行安装，端部应平整，其长度不应小于3个节距。预绞丝样式见表7-2中的图7-2，补修后的效果图见表7-2中的图7-3。

表7-2　缠绕或补修预绞丝修补导线相关图片

序　号	项目名称	图　片
1	缠绕修补导线	图7-1
2	补修预绞丝	图7-2
3	补修预绞丝补修后的成品	图7-3

(3)补修时的注意事项

①训练时是在地面进行操作,工作实际中更多的是在杆上进行操作,对导线损伤处如导线固定点进行缠绕或补修预绞丝修补时,难度相对较高,涉及各类安措的执行和杆上高空作业,应履行相关的安全规章制度和标准化作业要求。

②地面操作时,应注意将导线两端固定牢靠,防止线头伤人。

3.缠绕或补修预绞丝补修导线操作评分

补修导线训练是农网配电线路工的基本技能训练,也是从事线路运维工作不可或缺的一项技能。为提高训练质量、规范流程、统一训练标准,可按缠绕或补修预绞丝补修导线操作评分细则对受训对象进行操作考核,具体考核内容及考核标准详见表7-3。

表7-3　缠绕或补修预绞丝补修导线操作评分细则

班　级			学　号			学生姓名		
开始时间			结束时间			标准分	100分	得分	

操作项目名称	缠绕或补修预绞丝补修导线	操作考核时限	20 min

需要说明的问题和要求	1.实训场地应满足实训要求,实训场地环境应满足安全要求 2.要求单独操作 3.导线两端固定 4.导线两处损伤:一处做缠绕处理,一处做补修预绞丝处理

工具、材料、设备场地	常用工具、钢卷尺、记号笔、擦拭布、油盘、汽油、导电膏、钢丝刷等及配套的铝丝和预绞丝;具有不少于6个导线修补工位的配电线路技能实训场地且通风条件良好

	序号	步骤名称	质量要求	满分/分	评分标准	扣分原因	得分/分
评分标准	1	准备工作	穿整套工作服、胶鞋等	5	着装不正确每处扣1分		
			工器具、材料准备:应满足工作要求	5	每少一样扣1分		
	2	缠绕处理操作过程	缠绕铝单丝处理:铝单丝缠绕成直径约150 mm的线圈,不能扭转成死角,保持平滑弧度	5	不合格扣2～5分		
			铝单丝端部处理:平行导线方向平压一段单丝再缠绕,缠绕时压紧	5	方法错误扣2～5分		
			缠绕方向:应与外层铝股绞制方向一致	5	方向错误扣2～5分		
			缠绕操作:缠绕时铝单丝垂直导线,紧密无间隙	5	不紧密、有间隙扣1～3分		
			缠绕完毕,铝单丝两端互绞并压平紧靠导线	5	线段绞合不合格、不美观扣1～3分		
	3	补修预绞丝处理操作过程	预绞丝规格选择:符合导线补修的条件	5	不合格扣2～5分		
			预绞丝清洗:合理选择清洗方法及材料	5	方法错误扣2～5分		
			导线损伤处的处理:清洗、平整	5	方法错误扣2～5分		
			在导线最严重处做记号	5	未做记号或者错误扣2～5分		

续表

	序号	步骤名称	质量要求	满分/分	评分标准	扣分原因	得分/分
评分标准	3	补修预绞丝处理操作过程	量取预绞丝长度:尺寸正确,并在导线上做好安装记号,涂抹导电膏	5	①未做记号或者错误扣2分 ②未涂抹导电膏扣3分		
			预绞丝安装:一根一根安装,端部平整	5	①安装方法不正确扣3~5分 ②端部不平整扣1~3分		
	4	工作终结	缠绕中心应位于损伤最严重处,缠绕修补应将受伤部分全部覆盖,长度不小于100 mm	10	①偏离中心每5 mm扣1分 ②不合格扣3~5分		
			补修预绞丝中心应位于损伤最严重处,预绞丝不能变形,与导线接触紧密,对齐预绞丝端头,将损伤部分全部覆盖	15	①偏离中心每5 mm扣1分 ②不合格扣3~5分 ③变形扣2分 ④接触不良扣3分		
			文明施工:清理现场,工器具摆放整齐	10	不文明施工或者不清理现场扣1~5分		
	5	考核时间			每超过1 min扣2分,超过10 min计为不及格,需补考		

指导老师签名:

【训练成绩评定】

　　补修导线是相对简单却又需要注意细节的一项操作,工作实际中较多的是杆上作业,在训练时是地面操作便于指导和工艺检查。应综合考核操作人员的劳动态度、组织纪律、准备程度、实际操作熟练程度、实训场地清理及工器具整理等因素,以满足提升配电网运维检修综合素质及技能的需要。训练成绩评定详见表7-4。

表7-4　训练成绩评定表

评定内容	劳动态度（10%）	组织纪律（10%）	准备程度（10%）	实际操作（60%）	场地工器具整理（10%）	总分/分
评定成绩						

项目 8　调整弧垂

【项目描述】

在正常情况下,新线路在架设 1 ~ 3 年内,由于初伸长的影响,导线弧垂会明显增大,绝缘导线尤其显著。另外,导线弧垂随气候的热胀冷缩、风速、覆冰等均有影响,在覆冰严重或者受外力冲击的情况下可能产生永久性的较大变形。当导线弧垂增大到一定程度时,不仅影响美观,势必减少导线对地及交叉跨越物之间的安全距离,且导线弧垂增大会造成摆动幅度增加,容易发生短路甚至烧断导线的故障,影响线路安全运行。

根据《农村低压电力技术规程》(DL/T 499—2001)和《电气装置安装工程 35 kV 及以下架空电力线路施工及验收规范》(GB 50173—2014)的相关要求规定:"导线的设计弧垂,各地可根据已有线路的运行经验或按所选定的气象条件计算确定。考虑导线初伸长对弧垂的影响,架设时应将铝绞线和绝缘铝绞线的设计弧垂减少 20%,钢芯铝绞线设计弧垂减少 12%。档距内的各相弧垂应一致,相差不应大于 50 mm。同一档距内,同层的导线截面不同时,导线弧垂应以最小截面的弧垂确定。""10 kV 及以下架空电力线路的导线紧好后,弧垂的误差不应超过设计弧垂的 ± 5%。"当某一相导线的弧垂不符合上述规定且影响线路安全运行时应及时处理。

【教学目标】

1. 知识目标

通过本项目的训练,学生能讲述农网中架空配电线路导线弧垂观测及调整方法,能书写《国家电网公司电力安全工作规程(配电部分)》中"4 保证安全的技术措施"的部分内容。

2. 能力目标

通过本项目的训练,学生能按照调整导线弧垂操作考核标准要求,安全、规范、熟练地完成调整弧垂训练任务。

3.态度目标

通过本项目的训练,培养学生做事认真细致、积极主动地协助团队成员完成调整弧垂训练任务。

【项目训练要求】

1.训练任务

调整弧垂。装设接地线、设置安全围栏等安全措施已做好。

2.训练场地要求

应能同时训练6组及以上,每一工位需有2基及以上的不低于10 m的混凝土电杆,并且已经架设好0.4 kV或者10 kV的线路。同时,每一工位设观测平台一处,并配有对讲机。

3.训练环境要求

室内训练场地应通风良好,整洁卫生;室外训练场地尽量背阳。杆位下方铺设适当面积的缓冲软垫。工位与工位之间的间隔距离在不妨碍相互训练的基础上应有足够的安全距离且便于各自装设围栏。

4.调整弧垂的安全要求

①学习《国家电网公司电力安全工作规程(配电部分)》并经考试合格。
②熟悉调整弧垂安全协议内容,并签安全协议书。
③遵守实训场地管理制度及安全管理制度等。
④按照《国家电网公司电力安全工作规程(配电部分)》要求布置登杆训练各工位的安全围栏、标识标牌、警示牌等。

5.危险点及预控措施

①防触电伤害:训练场地虽然不是运行设备,但保证安全的技术措施"停、验、挂"应让每一位学员知晓,确保停电和登杆之前的"三核对"到位,防止停错电或误登带电线路。
②防倒断杆伤害:任何杆上作业在登杆前均应检查杆根和拉线基础是否牢固,电杆埋深是否符合要求,登杆过程中应检查杆身有无裂纹。

③防高空坠落伤害:登杆前应检查登杆工具是否合格并做冲击试验,登杆全过程不得失去安全带的保护,跨越障碍物交替使用主副安全带,在杆上作业时使用双保险。

④防落物伤人:在工作杆位装设围栏,上下传递物品使用绳索,杆上作业人员个人工具使用完毕应放回工具袋中,不可随意放置在杆上,地面人员正确佩戴好安全帽,不可站在起吊物和作业人员正下方。

⑤防跑线伤人:应做好防跑线措施,地面人员不得站在导线的正下方。

【项目训练实施】

1.工器具准备

登杆所需的工器具及数量见表8-1。

表8-1 登杆所需的工器具及数量

名　称	数　量	名　称	数　量	名　称	数　量
脚扣	6副	速差保护器	6套	手套	按人员配置
安全带	6副	安全帽	按人员配置	工具袋	6个
吊绳	6副	千斤头	6根	导线保护绳	6根
卸扣	6副	紧线器	6把	卡线器	12副
铝包带	若干米	个人工具	6套		

2.调整弧垂训练

(1)调整弧垂前检查及准备

①在登杆前检查及准备的基础上,调整弧垂应选择合适的工器具,根据农网特点,通常采用紧线器或收线葫芦紧线,准备工作需注意以下几点:

a.紧线器:使用前检查吊钩、钢丝绳、转动装置及换向爪,吊钩内的保险扣是否完整,吊钩、棘轮变形或者钢丝绳磨损达到10%的禁止使用,登杆前可将钢丝绳伸展至合适长度,在固定的吊钩上挂上千斤头,在活动的吊钩上挂上卡线器,紧线器款式见表8-2中的图8-1。

b.卡线器:应选用与导线规格、材质相匹配的卡线器,不得使用有裂纹、弯曲、转轴不灵活或钳口斜纹磨平等缺陷的卡线器,卡线器应选用2副,卡线器款式见表8-2中的图8-2。

　　c.千斤头:不得使用磨损、生锈、变形或者油芯损坏、挤出的钢丝绳,插接长度应大于钢丝绳直径的15倍,且不得小于300 mm;使用合成纤维绳无极圈替代千斤头时,应使用外观合格无明显磨损变形且拉断力满足使用要求的,无极绳圈款式见表8-2中的图8-3。

　　d.导线保护绳:为防止跑线,应使用导线保护绳,一端固定在横担上,另一端通过卸扣与卡线器连接卡在导线上,在登杆前可将导线保护绳与卸扣连接好放入工具袋中,导线保护绳款式见表8-2中的图8-4。

　　e.卸扣:卸扣应无变形,螺栓能可靠固定,承重符合使用要求,禁止使用材料代替该工具,导线保护绳和卸扣联结见表8-2中的图8-5。

　　f.吊绳:杆上作业人员应随身携带吊绳,吊绳外观检查应合格,不得使用松股、散股、断股、严重磨损的吊绳,受潮时吊绳受力减少50%。上杆前,将吊绳一端固定在身上,另一端利用正确的绳结绑扎好紧线器。

　　②登杆至工作位置后,首先检查横担及各金具的联结和锈蚀情况,无异常后方可开始工作。

表8-2　调整弧垂相关图片

序　号	项目名称	图　片
1	紧线器(吊钩保险扣应完整)	 图8-1
2	卡线器	 图8-2

续表

序　号	项目名称	图　片
3	无极绳圈	图 8-3
4	导线保护绳	图 8-4
5	导线保护绳和卸扣联结	图 8-5

（2）调整弧垂的要求和流程

①登杆至工作位置,检查横担及各金具的联结和锈蚀情况,无异常后把后备保护绳系至横担或横担上方的电杆上,然后固定吊绳。

②根据所调整导线的方向进行站位,站在下方的脚应位于调整导线的一侧。

③从工具袋中拿出导线保护绳,一端固定在横担上最靠近导线固定点的位置,另一端通过卡线器卡住导线,卡导线前应在导线上缠绕合适长度的铝包带。

④利用吊绳将紧线器吊至杆上,紧线器固定端的吊钩利用千斤头挂在横担上靠近导线固定点又不妨碍操作的位置,活动端的吊钩通过卡线器卡住导线,卡导线前应在导线上缠绕合适长度的铝包带。卡线器位置应合适,过近则弧垂不能调整到位,过远则不便于拆除。

⑤将换向爪调整至收线位置后,反复向前推动把手即可开始紧线,紧线过程中注意紧线器的钢丝绳不能扭转、打结,应保持平行;当紧线器受力后,为了方便操作可根据情况将导线固定点松开,再将导线进行收紧。

⑥将所需调整的一相或多相导线弧垂收紧到设计弧垂,且各相弧垂应一致,相差不应大

于 50 mm,导线不应收得过紧或过松,由于导线收紧后固定时卡线点与固定点之间的小段导线无法完全伸展,在松开紧线器后通常会造成弧垂下降,为了避免这种情况的发生,在导线收紧到设计弧垂时可多紧 2 个左右的齿轮。

⑦弧垂调整完毕后,进行工艺自检,自检合格后先依次拆除紧线器和导线保护绳,再拆除导线上的铝包带,最后将吊绳拆除挂在身上。

⑧检查杆上无遗留物后下杆。

(3)调整弧垂的注意事项

①雷雨、雷电、冰雹等恶劣天气下,应停止露天高处作业。停电检修的线路在未验明导线无电压并采取可靠接地措施前,严禁登杆作业。

②登杆全过程不得失去安全带的保护,跨越障碍物时主副安全带应交替使用,杆上作业系好双保险。

③应熟悉紧线器等工器具的使用方法。

④在实际工作中,可能要收紧多档导线的弧垂,这时需要将中间直线杆的绑扎线松开,转角杆松开绑扎线后还需有人在杆上站在外角侧辅助操作和观测弧垂。

⑤杆上操作应由一人独立完成,设地面监护人员,且在收紧导线的过程中地面人员应有意识地去检查杆根、基础和拉线有无异常,检查过程中不得站在杆上人员的正下方。

⑥在训练场地设置围栏,防止无关人员进入现场,现场人员均应正确佩戴好安全帽。

3.导线弧垂调整操作评分

调整弧垂训练是农网配电线路工的基本技能训练,也是从事线路运维工作不可或缺的一项技能。为提高导线弧垂调整训练质量、规范登杆动作、统一训练标准,可按导线弧垂调整操作评分细则对受训对象进行操作考核,具体考核内容及考核标准详见表 8-3。

表 8-3　导线弧垂调整操作评分细则

班　　级		学　　号		学生姓名		
开始时间		结束时间		标准分	100分	得分	
操作项目名称		导线弧垂调整		操作考核时限		40 min
需要说明的问题和要求		1.登杆操作场地应满足实训要求,实训场地环境应满足安全要求				
		2.应设置一名监护人员兼地面配合人员				
		3.告知学员已经停电并已做好接地等安全措施				
		4.调整终端杆和临近一基电杆之间的一档导线弧垂				
工具、材料、设备场地		安全带、安全帽、脚扣、吊绳、千斤头(钢丝绳)、导线保护绳、卸扣、紧线器、卡线器、铝包带、个人工具和工具袋;2 条具有 4 基以上电杆的 10 kV(0.4 kV)架空配电线路实训场地				

续表

评分标准	序号	步骤名称	质量要求	满分/分	评分标准	扣分原因	得分/分
评分标准	1	准备工作	着装：安全帽、穿整套工作服、穿胶鞋等	5	着装不正确每处扣1分		
			工器具、材料准备：应满足工作要求	5	①漏选、错选、多选每项扣1分 ②不检查各类工器具每项扣2分		
	2	作业过程	登杆前的检查：进行三核对，检查杆根、杆身、基础、埋深和拉线	5	①未进行三核对扣3分 ②未进行杆根、杆身、基础、埋深和拉线的少一项扣2分		
			登杆工具的试验检查：做冲击试验	5	未做冲击试验的扣5分，少一项扣3分		
			登杆动作应熟练、规范	5	①不熟练、不规范扣5分 ②安全带系绑错误扣5分 ③站位错误扣5分		
			工作位置和站位应合适，正确使用安全带	5			
			紧线器安装在横担靠近导线位置		①操作不熟练扣3～5分 ②保护绳、紧线器和卡线器安装不正确、过远或者过近扣3分		
			导线保护绳的正确安装				
			卡线器的正确安装				
	3	工作终结	弧垂调整	50	①导线过紧、过松扣3～5分 ②未系导线保护绳扣5分 ③绳结不正确扣3分 ④传递过程中碰撞其他部件扣3分 ⑤落物一次扣5分 ⑥作业流程错误扣5～10分		
			工作结束	10	①未对绝缘子整理清扫扣2分 ②未检查杆上是否有遗留物扣5分 ③未进行自检扣5分 ④下杆动作不规范、不熟练扣2～5分		

续表

	序号	步骤名称	质量要求	满分/分	评分标准	扣分原因	得分/分
评分标准	3	工作终结	场地清理:按指导老师要求打扫实训场地、整理安全围栏等	10	未按指导老师要求清理的酌情扣分		
			工器具整理:按指导老师要求整理工器具等		未按指导老师要求整理的酌情扣分		
			工作汇报:登杆工作结束后及时向指导老师汇报		未按要求进行汇报的酌情扣分		
			文明施工:清理现场,工器具摆放整齐		不文明施工扣1~5分		
	4	考核时间			每超过1 min扣2分,超过10 min计为不及格,需补考		
指导老师签名:							

【训练成绩评定】

调整导线弧垂是农网运行维护工作中相当重要的一项工作内容,该操作是每一位运维人员的必备技能。训练时,作业人员首先需进行操作流程、工器具使用和安全注意事项的学习,并且需要在熟练的登杆基础上才能进行该类作业。作业时,需要杆上作业人员和地面工作人员相互配合才能顺利完成,地面工作人员应全过程监护杆上人员的行为。在进行实操训练成绩评定时,应综合考核杆上和地面工作人员的劳动态度、组织纪律、准备程度、实际操作熟练程度、实训场地清理及工器具整理等因素,以满足配电网运维检修人员综合素质及技能提升的需要。训练成绩评定详见表8-4。

表8-4　训练成绩评定表

评定内容	劳动态度（10%）	组织纪律（10%）	准备程度（10%）	实际操作（60%）	场地工器具整理(10%)	总分/分
评定成绩						

项目9　拉、合断路器(柱上带刀闸)

【项目描述】

随着我国经济的飞速发展、供电量的不断增加,尤其是各类客户对电能的依赖性日益加强,需提高电网的供电可靠性以满足工农业生产及人民生活的需求。柱上断路器是配电网中的联络、分段、支线上的重要开关设备;为了确保开关设备安全、可靠运行,在运行管理中统一由调度指挥,避免私自操作带来的危害。操作时应按规定办理有关手续,由调度人员下令给工作负责人,负责人安排工作人员操作柱上断路器,并按操作票进行倒闸操作。

电气设备分为运行、备用(冷备用及热备用)和检修3种状态。将设备由一种状态转变为另一种状态的过程称为倒闸,所进行的操作称为倒闸操作。通过操作断路器将电气设备从一种状态转变为另一种状态或使系统改变运行方式,这种方式称为倒闸操作。倒闸操作必须执行操作票制和工作监护制。本项目主要讲以柱上断路器由运行转冷备用及冷备用转运行的基本操作顺序。

【教学目标】

1.知识目标

通过本项目的训练,学生能单独完成柱上断路器倒闸操作,能书写《国家电网公司电力安全工作规程(配电部分)》中"4保证安全的技术措施;5运行和维护"的部分内容。

2.能力目标

通过本项目的训练,学生能按照拉、合断路器(柱上带刀闸)操作考核标准要求,安全、规范、熟练地完成柱上断路器倒闸操作训练任务。

3.态度目标

通过本项目的训练,培养学生做事认真细致、积极主动地协助团队成员完成柱上断路器倒闸操作训练任务。

【项目训练要求】

1.训练任务

拉、合断路器(柱上带刀闸)。注意:安全围栏、警示标识已布置好。

2.训练场地要求

①绝缘操作杆2套、绝缘手套2副、脚扣2副。

②在不少于2基12 m高的锥形混凝土电杆(或等径杆)上安装断路器,每基电杆处设观察平台一处,并配有对讲机。

3.训练环境要求

登杆场地通风良好,场地整洁卫生,与其他实训场地的间隔距离满足登杆实训安全要求,并便于装设安全围栏。

4.登杆训练安全要求

①学习《国家电网公司电力安全工作规程(配电部分)》并经考试合格。

②熟悉登杆训练安全协议内容,并签安全协议书。

③遵守实训场地管理制度及安全管理制度等。

④按照《国家电网公司电力安全工作规程(配电部分)》要求布置登杆训练各工位的安全围栏、标识标牌、警示牌等。

【项目训练实施】

1.工器具准备

更换断路器所需的工器具及数量见表9-1。

表9-1　更换断路器所需的工器具及数量

名　称	数　量	名　称	数　量	名　称	数　量
脚扣	2副	绝缘操作棒	2副	绝缘手套	2副
安全带	4副	安全帽	按人员配置	传递绳	2根

2.登杆拉合断路器

(1)登杆前检查

①上杆前检查登杆所需的安全工器具是否在试验合格期内,各转动机构是否灵活、有无卡涩。

②现场三核对。

③检查杆根应牢固,埋深合格,杆身无纵向裂纹,横向裂纹应符合要求。

④检查拉线是否牢固,是否有锈蚀、断股、紧固螺丝松动等现象。

(2)拉、合断路器要求

①上杆时换好工作鞋,系好安全带,戴好安全帽,携带好传递绳和绝缘手套。登杆至拉合断路器安全位置时(确保人员与断路器0.7 m以上),调整好自己的作业站位,左侧作业左脚在下,系好后备保护绳。

②地面配合人员将绝缘操作棒系好。

③杆上操作人员将地面配合人员用传递绳系好的绝缘操作棒传递到位,戴好绝缘手套,手握绝缘操作棒底端。

④先拉断路器开关,然后检查断路器开关指示是否在断开位置,确认后,再拉开断路器刀闸,确认三相刀闸均已拉开(合闸时顺序相反)。

⑤在杆上悬挂"禁止合闸、线路有人工作",然后下杆。同时应注意:

a.拉、合断路器开关及刀闸时一定要一次到位,不能用力过猛。

b.拉、合断路器禁止带负荷拉、合刀闸。

c.站位一定要正确,防止人员在拉合开关时操作人员倾倒或拉伤。

d.使用绝缘操作棒时防止掉下。

e.下杆时,注意身体平衡,动作舒缓。

(3)拉、合断路器注意事项

①五级及以上大风或雷雨天气时,禁止露天高处作业。停电检修的线路在未验明导线无电压前,严禁登杆。

②杆上作业时,不应摘除脚扣,同时安全带可靠受力。

③系好安全带后,必须检查扣环是否扣牢。杆上作业转位时,不得失去安全带保护,安全带必须系在牢固的构件或电杆上。

④现场人员应戴安全帽,杆下严禁无关人员逗留。

⑤拉、合断路器时严禁带负荷拉、合刀闸。

⑥传递绝缘操作棒时禁止人员站在起吊物的正下方。

3.拉、合断路器(柱上带刀闸)操作评分

为提高拉、合断路器(柱上带刀闸)训练质量、规范操作动作、统一训练标准,可按拉、合断路器(柱上带刀闸)操作评分细则对受训对象进行操作考核,详见表9-2。

表9-2　拉、合断路器(柱上带刀闸)操作评分细则

班　级		学　号			学生姓名	
开始时间		结束时间		标准分	100分	得分
操作项目名称		拉、合断路器(柱上带刀闸)		操作考核时限		30 min
需要说明的问题和要求	1.登杆实训场地应满足实训要求,实训场地环境应满足安全要求 2.登杆实训工位需要做好安全措施 3.登杆训练时每个工位需要配备地面配合人员和监护人员					
工具、材料、设备场地	脚扣、安全带、安全帽、绝缘操作棒、绝缘手套、速差保护器、手套、临时遮拦及标识牌等,具有2基及以上混凝土电杆上安装的断路器配电实训场					

	序号	步骤名称	质量要求	满分/分	评分标准	扣分原因	得分/分
评分标准	1	作业前准备	①着装:穿整套工作服及工作胶鞋(需系带式) ②进考前汇报	7	①未正确着装扣5分 ②未汇报就进入考场考试扣2分		
			工器具及材料选择齐备	7	①工器具少选或漏选每件扣1分(此项共3分) ②未对绝缘手套进行检测扣4分		
			①现场"三核对" ②工器具检查 ③杆(塔)基础检查	12	①未进行三核对扣2分 ②安全工器具未检查扣2分 ③未对杆基(包括拉线、杆身)检查扣2分		

续表

	序号	步骤名称	质量要求	满分/分	评分标准	扣分原因	得分/分
评分标准	1	作业前准备			④未对保险带(含后备绳)、脚扣进行冲击试验每项扣2分(此项共4分) ⑤未对绝缘手套进行吹起试验扣2分		
	2		登杆动作规范,速度均匀,防止脚扣打滑	18	①脚扣打滑一次扣2分(此项共4分) ②脚扣掉下扣5分 ③未使用保险带上杆或保险带低挂使用扣5分 ④穿越横担或障碍物时未交替使用后备绳扣2分 ⑤到达横担、电杆焊口前未检查锈蚀及连接情况扣2分(此项共4分)		
		拉合断路器	①工作前应站好位置,系好后备绳,禁止右侧工作左脚在下 ②使用绳索传递绝缘操作棒 ③拉断路器时操作人员与监护人员要进行唱票复诵 ④拉开断路器开关 ⑤检查断路器开关位置 ⑥拉开断路器刀闸 ⑦检查断路器刀闸位置 ⑧悬挂"禁止合闸、线路有人工作"标识牌(说明:拉断路器是先拉开关再拉刀闸,合断路器是先合刀闸再合开关)	38	①站位不正确扣5分 ②传递工器具碰撞一次扣2分(此项共4分) ③拉、合顺序错误扣7分 ④拉、合断路器未戴绝缘手套扣5分 ⑤人员站位与断路器安全距离少于0.7 m扣7分 ⑥未挂(取)标识牌扣5分 ⑦拉、合断路器时操作人员与监护人员未进行唱票复诵扣5分		
			下杆动作规范,速度均匀,防止脚扣打滑	10	①脚扣打滑或脚扣掉下扣5分 ②未使用保险带下杆或保险带低挂扣3分 ③穿越横担或障碍物时未交替使用后备绳扣2分		

续表

	序号	步骤名称	质量要求	满分/分	评分标准	扣分原因	得分/分
评分标准	3	工作终结	场地清理:按指导老师要求打扫实训场地、整理安全围栏等	3	未按指导老师要求清理的酌情扣分		
			工器具整理:按指导老师要求整理工器具等	2	未按指导老师要求整理的酌情扣分		
			工作汇报:登杆工作结束后及时向指导老师汇报	5	未按指导老师要求进行汇报的酌情扣分		
	4	考核时间			每超过1 min扣2分,超过10 min计为不及格,需补考		

指导老师签名:

【训练成绩评定】

拉、合断路器(柱上带刀闸)操作需要小组作业人员的相互配合、相互关照才能顺利完成。在进行实操训练成绩评定时,应综合考核作业人员的劳动态度、组织纪律、准备程度、实际操作熟练程度、实训场地清理及工器具整理等因素,以满足配电网运维检修人员综合素质及技能提升的需要。训练成绩评定详见表9-3。

表9-3 训练成绩评定表

评定内容	劳动态度（10%）	组织纪律（10%）	准备程度（10%）	实际操作（60%）	场地工器具整理(10%)	总分/分
评定成绩						

项目10　安装拉线

【项目描述】

架空配电线路将变电站电能输送到千家万户,给人们带来光明,给生产带来动力,给生活带来欢乐。由于架空配电线路架设在野外,受风、霜、雨、雪、雷击等各种自然环境的影响,对其安全可靠运行造成了很大的困扰。为平衡电杆各方面的作用力、抵抗风压、防止电杆倾倒,配电线路都会按照设计规程要求配置拉线,在所有的配电线路中,拉线是稳定架空线路的基石,电力线路安全施工,架设线路与线路的安全运行离不开拉线这一角色,其稳定性与安全性直接影响千家万户的安全用电。所以,拉线的安装与运行维护是配电运维检修人员的日常工作内容。

【教学目标】

1.知识目标

通过本项目的训练,学生能讲述农网中使用的拉线的种类及特征,能书写《国家电网公司电力安全工作规程(配电部分)》中"4保证安全的技术措施"的部分内容。

2.能力目标

通过本项目的训练,学生能按照安装拉线操作考核标准要求安全、规范、熟练地完成安装拉线训练任务。

3.态度目标

通过本项目的训练,培养学生做事认真细致、积极主动地协助团队成员完成安装拉线训练任务。

【项目训练要求】

1.基本规定

拉线应采用镀锌钢绞线,拉线规格通常由设计计算确定。镀锌钢绞线的最小截面应不小于25 mm²,强度安全系数应不小于2。拉线应根据电杆的受力情况装设。正常情况下,拉线与电杆的夹角宜采用45°,如受地形限制,可适当减少,但不应小于30°。拉线装设方向一般在30°及以内的转角杆设合力拉线,拉线应设在线路外角的平分线上;30°以上的转角杆拉线应按线路导线方向分别设置,每条拉线应向外角的分角线方向移0.5~1 m;终端杆的拉线应设在线路中心线的延长线上;防风拉线应与线路方向垂直。拉线坑的深度按受力大小及地形情况确定,一般深度为1.2~2.2 m,拉线棒露出地面长度为500~700 mm。拉线棒最小直径应不小于16 mm。拉线棒通常采取热镀锌防腐,严重腐蚀地区,拉线棒直径应适当加大2~4 mm或采取有效的防腐措施。

2.拉线基本种类

拉线基本种类具体如图10-1至图10-4所示。

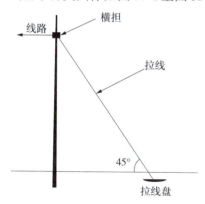

图10-1   普通拉线

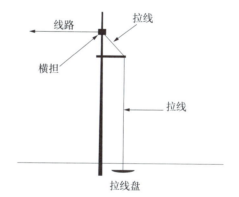

图10-2   弓形拉线

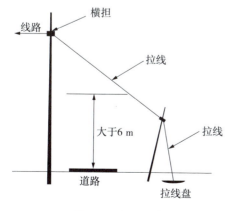

图10-3   水平拉线

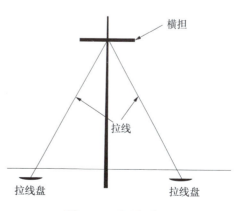

图10-4   防风拉线

3.安装拉线安全要求

①防止钢绞线反弹伤人。断开钢绞线时一人扶线、一人剪,弯曲钢绞线时应抓牢,镀锌铁丝盘成小圆盘,边缠绕边放。

②防止木槌从手中脱落伤人。使用木槌时脱掉手套;将钢绞线主线扛在肩上,线夹置于前方,且对地高度在膝盖上下;用木槌敲击线夹时,两腿分开。

③防触电伤害。登杆前作业人员核准线路的双重称号,作业现场与电气设备的距离应满足安全作业条件,经许可后方可工作。

④防倒杆伤人。登杆前检查杆根、杆身、埋深是否满足设计或运行要求;临时拉线紧固,防止紧线器夹头和千斤绳滑脱。施工现场装设围栏,围栏四周向外悬挂标示牌。

⑤防高空坠落。登杆前,检查登高工具与安全带是否在实验期限内,外观是否完好,冲击实验是否良好。高处作业使用双重保护,将安全带、后备绳系在牢固的构件上。使用脚扣、转移工作位置或穿越障碍时不得失去一重保护。高处作业不得失去监护。

⑥防坠物伤人。现场人员必须戴好安全帽;严禁在作业点正下方逗留或行走。杆上作业要用传递绳索传递工器具和材料,严禁抛掷。

【项目训练实施】

1.工器具准备

拉线安装与制作所需工器具及数量,见表10-1和图10-5。

表10-1　拉线安装与制作所需工器具及数量

名　称	数　量	名　称	数　量	名　称	数　量
个人工具	2套	紧线器	2个	脚扣	2副
断线钳	2把	钢绞线紧线卡	2个	安全带	2副
木槌	2把	千斤套	2个	记号笔	2支
卷尺	2把	传递绳	2副	油漆刷	2把
安全帽	按工作人员数量配置	纱手套	按工作人员数量配置		

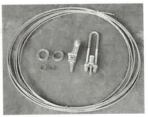

图10-5　拉线安装与制作所需工器具

2.材料准备

材料:GJ-35 钢绞线,NX-1 楔形线夹,NUT-1 线夹,PH-7 延长环,拉线抱箍,拉线绝缘子,M16 螺栓,16 号细扎丝,8 号镀锌铁丝,丹红漆,如图 10-6 所示。

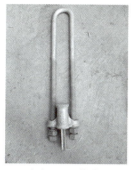
（a)NUT-1线夹

（b)NX-1楔形线夹

（c)PH-7延长环

（d)拉线抱箍

（e)拉线绝缘子

（f)镀锌铁丝

图 10-6　拉线制作元件图

3.拉线制作和安装工作流程

（1)拉线上把的制作

①用卷尺从拉线的一端量 420～430 mm,画印,如图 10-7 所示。

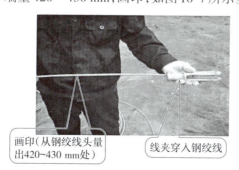

画印(从钢绞线头量出420~430 mm处)　　线夹穿入钢绞线

图 10-7　量取画印

②操作人员一手拉住线头,另一手握着画印处,控制弯曲部位,弯曲钢绞线,弯曲时先弯成一个带圆角的直角,用一只手的虎口顶住这个圆角再弯另一个圆角,使其形成一个半圆。

③用一只手紧握半圆,另一只手分别将主线各尾线向外拉,形成一个圆弧与楔子弧度一

致，如图10-8所示。

④调直钢绞线尾线和主线。

⑤将钢绞线从线夹小孔穿入，再将尾线从线夹斜面穿出，如图10-9所示。

⑥塞入楔子后，脚踩楔形线夹的螺栓，手握钢绞线向上提。

⑦右手摘下手套，用木槌对着线夹两边敲紧，如图10-10所示。

图10-8　制作拉线圆弧

图10-9　处理拉线尾线

图10-10　处理拉线线夹

⑧从线夹平面端向主线量100 mm画印。

⑨用8号铁丝一端制作成R形。

⑩套入刚画印处的钢绞线上，绑线短头向下，主绑线在两根钢绞线上按顺时针缠绕9圈，然后将主绑线与绑线尾线拧成3个麻花，用钢丝钳将多余绑线剪去并压入钢绞线的槽沟中，如图10-11所示。

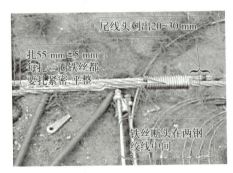

图10-11　拉线制作尺寸

⑪用扳手将主线与尾线调整平直。

⑫用刷子蘸上防锈漆,涂在各绑线、钢绞线的断口处。

(2)拉线上把安装

①登杆。按上杆作业要求完成电杆、登杆工具等必须的检查工作。取得现场施工负责人的允许后戴上必备的操作工具上杆,并在指定位置站好位、系好安全带,绑好传递绳,如图10-12所示。

图10-12　登杆

②安装拉线抱箍。将拉线抱箍连接延长环传递到杆上并固定安装在横担下方100 mm处,根据拉线装设要求,调整好拉线抱箍方向。

③安装拉线。连接楔形线夹与延长环,传入螺栓,插入销钉,该过程需要确保楔形线夹凸肚的方向朝上或拉线上所有线夹朝一个方向,螺栓穿向应面向电源侧由左向右穿,如图10-13所示。

图10-13　安装拉线

④下杆。

(3)收紧拉线

①用紧线器钩子一端通过千斤绳套连接拉棒环(在安装紧线器时通知配合人员手拉钢绞线收紧)。

②用卡线钳夹住钢绞线;慢慢收紧钢绞线,在收紧时应小跑到电杆处观察电杆倾斜度。新架线路电杆以朝拉线侧倾斜一个杆梢(如锥形电杆杆梢直径为190 mm)为宜。

(4)安装拉线下把

①拆掉 UT 形线夹上的螺母,用刷子将润滑油涂在 UT 形线夹的螺杆上,将 U 形环从拉棒中穿入。

②拉紧 U 形环与拉线,从丝扣顶端处向下量出 200 mm 画印(弯曲处),如图 10-14 所示。

③从丝扣顶端处向下量出 420~430 mm 画印(剪断处)。

④在断口处两端各 10 mm 处,用 22 号铁丝各缠绕 7 圈后封头。

图 10-14　下把拉线制作尺寸

⑤配合人员两手各握住剪断处的两个头,操作人员用断线钳将其开断,剪断时要防止反弹。

⑥操作人员一手拉住线头,另一手握着 200 mm 画印处控制弯曲部位,弯曲钢绞线,弯曲时先弯成一个带圆角的直角,如图 10-15 所示。

图 10-15　制作下把拉线

⑦用一只手的虎口顶住这个圆角,再弯另一个圆角,使其形成一个半圆。

⑧用一只手紧握半圆,另一只手分别将主线各尾线向外拉,形成一个圆弧与楔子弧度一致。

⑨调直钢绞线尾线和主线。

⑩将钢绞线从线夹小孔穿入,再将尾线从线夹的斜面穿出,如图 10-16 所示。

图 10-16　下把拉线制作要求

⑪塞入楔子后朝下拉。

⑫右手摘下手套,用木槌对着线夹两边敲紧。

⑬将线夹套入 U 形环上,注意线夹的凸肚朝上,放入垫片后旋入螺母。

⑭用扳手将两个螺母依次拧紧,应将线夹调整到两螺杆的中间部位。U 形螺杆出丝不少于 20 mm 丝扣,但不多于螺杆 1/2 丝扣。

⑮将其他两个螺母旋入,并用两把扳手反方向拧紧。

⑯将紧线器松下,收好放置到防潮垫上。

⑰从线夹平面端向主线量 100 mm,画印。

⑱将 8 号铁丝一端制成 R 形。

⑲套入刚画印处的钢绞线上,绑线短头向上,主绑线在两根钢绞线上按顺时针缠绕 9 圈,然后将主绑线与绑线尾线拧成 3 个麻花,用钢丝钳将多余绑线剪去并压入两钢绞线之间的槽沟中,如图 10-17 所示。

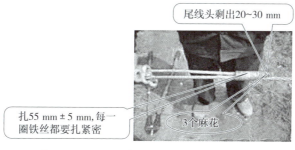

图 10-17　下把拉线制作尾部处理尺寸要求

⑳用扳手将主线与尾线调整平直,如图 10-18、图 10-19 所示。

图 10-18　下把拉线制作丝纹要求

图 10-19　下把拉线制作尾线长度要求

㉑用刷子蘸上防锈漆,涂在各绑线、钢绞线的断口处。

【拉线安装操作评分】

具体考核内容及考核标准详见表 10-2。

表10-2 拉线安装操作评分细则

班 级		学 号		学生姓名		
开始时间		结束时间		标准分	100分	得分	
操作项目名称		拉线安装		操作考核时限		40 min

考核要点	1.给定条件:考场设在培训专用配电线路上,拉盘、拉棒已安装,杆上无障碍。在一名辅助人员的配合下进行 2.工作环境:现场操作场地及设备材料已完备 3.现场安全措施已完成,配有一定区域的安全围栏 4.检查拉线安装工艺及要求 5.选用工器具和材料 6.计算拉线长度 7.楔形线夹安装位置 8.使用拉线金具制作拉线工艺 9.安全文明生产
工 器 具 、材 料	1.工器具:电工个人工具、断线钳、木槌、卷尺、紧线器、紧线卡(钢绞线用)、千斤套、传递绳、登高工具、安全用具、标示牌、记号笔、油漆刷 2.材料:GJ-35钢绞线,NX-1楔形线夹,NUT-1线夹,PH-7延长环,拉线抱箍,防盗螺帽,M16螺栓,8号镀锌铁丝,16号镀锌铁丝,丹红漆,笔,纸若干

评分标准	序号	作业名称	质量要求	分值/分	扣分标准	扣分原因	得分/分
	1	着装、穿戴	工作服、绝缘鞋、安全帽等	5	①穿戴缺一项扣3分 ②着装不规范扣2分		
	2	工器具选用	器具选用满足施工需要并作外观检查	5	①选用不当扣3分 ②未作外观检查扣2分		
	3	材料选用	选择材料规格型号、数量正确	5	①漏选、错选扣3分 ②未作外观检查扣2分		
	4	钢绞线长度计算及裁线	计算拉线长度 $L = H/\cos\phi$(拉棒环露出地面长度为600 mm),钢绞线剪断处用16号铁丝绑扎20 mm,绑扎牢固,无散股	10	①未计算或计算错误扣2分 ②裁剪处未绑扎或散股扣5分		
	5	楔形线夹制作	①300 mm±10 mm弯曲点至出口处做标记 ②套入楔形线夹(小进、大出) ③主、尾线喇叭口制作	25	①未做标记或位置错误扣2分 ②套入方向错误或返工扣2分 ③未制作喇叭口扣1分 ④尾线方向错误或返工扣2分		

续表

	序号	作业名称	质量要求	分值/分	扣分标准	扣分原因	得分/分
评分标准	5	楔形线夹制作	④尾线位于楔形线夹凸肚方向 ⑤使用木槌敲击,不损坏镀锌层 ⑥钢绞线与楔子吻合 ⑦弯曲处无散股现象 ⑧钢绞线与楔子间隙小于 2 mm ⑨尾线露出线夹 300 mm ± 10 mm ⑩14 号镀锌铁丝将尾线与主线绑扎,缠绕方向与钢绞线方向一致,绑扎长度为 50 mm ± 10 mm,尾线端部 30 ~ 50 mm 长度不绑扎,绑扎紧密、匀称、不伤线,镀锌铁丝收尾规范 ⑪绑扎线和尾线端部做防腐处理		⑤工具使用不当或损坏锌层扣 2 分 ⑥钢绞线、楔子不吻合扣 2 分 ⑦弯曲处散股扣 1 分 ⑧钢绞线与楔子间隙大于 2 mm 扣 1 分 ⑨尾线长度相差 10 mm 扣 2 分 ⑩绑扎线规格或缠绕方向,或缠绕位置,或缠绕工艺,或收尾不规范扣 2 分 ⑪未做防腐处理扣 1 分		
	6	楔形线夹安装	①核对杆塔双重称号 ②杆根、杆身、埋深检查及登高工具、安全带检查试验 ③工位合适,正确使用安全带 ④拉线抱箍安装位置(与横担净距 100 mm)、螺栓穿向(顺线路方向自电源方向穿入、横线路方向面向大号侧从左穿入)规范正确 ⑤楔形线夹螺栓、闭口销(从上向下穿)穿向正确	15	①未核对双重称号扣 2 分 ②电杆或登高工具未检查、未做冲击试验扣 2 分 ③工位或安全带使用错误扣 3 分 ④安装位置或螺栓穿向错误扣 2 分 ⑤楔形线夹缺件或闭口销方向错误扣 1 分		
	7	UT 线夹制作与安装	①紧线器收紧钢绞线 ②套入楔形线夹(小进、大出) ③尾线距丝杆 2/3 处做标记 ④弯曲处无散股现象 ⑤主、尾线喇叭口制作 ⑥尾线位于楔形线夹凸肚方向 ⑦使用木槌敲击,不损坏锌层 ⑧钢绞线与楔子吻合 ⑨钢绞线与楔子间隙小于 2 mm ⑩尾线方向与楔形线夹一致	25	①未使用或不会使用紧线器扣 2 分 ②套入方向错误或返工扣 2 分 ③未做标记或位置错误扣 2 分 ④弯曲处无散股扣 1 分 ⑤未制作喇叭口扣 1 分 ⑥尾线方向错误或返工扣 2 分 ⑦工具使用不当或损坏锌层扣 2 分 ⑧钢绞线、楔子不吻合扣 1 分		

续表

	序号	作业名称	质量要求	分值/分	扣分标准	扣分原因	得分/分
评分标准	7	UT线夹制作与安装	⑪拉线受力后取紧线器 ⑫调节、观测电杆垂直度 ⑬尾线露出线夹400 mm±10 mm ⑭用14号镀锌铁丝将尾线与主线绑扎，缠绕方向与钢绞线方向一致，绑扎长度为50 mm±10 mm，尾线端部30~50 mm长度不绑扎，绑扎紧密、匀称，不伤线，镀锌铁丝收尾规范，楔子两边间隙一致且双螺帽拧紧 ⑮绑扎线和尾线端部做防腐处理		⑨钢绞线与楔子间隙大于2 mm扣1分 ⑩未检查或尾线方向错误扣1分 ⑪紧线器未取或自坠扣2分 ⑫未观察或倾斜度、方向错误扣2分 ⑬尾线长度相差10 mm扣2分 ⑭绑扎线规格或缠绕方向，或缠绕位置，或缠绕工艺，或收尾不规范，或楔子两边间隙不一致，或缺螺帽，或未拧紧扣2分 ⑮未做防腐处理扣1分		
	8	安全文明生产	①爱惜工器具 ②清理、还原工器具，摆放整齐 ③清理场地	10	①清理不彻底扣3分 ②未清理扣3分 ③工器具未清理或摆放不整齐扣4分 ④发生恶性违章，本项目考核零分		

指导老师签名：

【训练成绩评定】

配电网架空线路及杆上设备的运行维护与检修项目大都属于高空作业，需要小组杆上作业人员和地面工作人员相互配合、相互关照才能顺利完成，在进行实操训练成绩评定时，应综合考核杆上和地面工作人员的劳动态度、组织纪律、准备程度、实际操作熟练程度、实训场地清理及工器具整理等要素，以满足配电网运维检修人员综合素质及技能提升的需要。训练成绩评定详见表10-3。

表 10-3　训练成绩评定表

评定内容	劳动态度（10%）	组织纪律（10%）	准备程度（10%）	实际操作（60%）	场地工器具整理(10%)	总分/分
评定成绩						

附录 《国家电网公司电力安全工作规程(配电部分)》第一种工作票

配电第一种工作票

单位：＿＿＿＿＿＿＿＿＿＿＿＿＿＿＿＿ 编号：＿＿＿＿＿＿＿＿＿＿＿＿

1.工作负责人(监护人)：＿＿＿＿＿＿＿＿＿ 班组：＿＿＿＿＿＿＿＿＿＿＿＿

2.工作班成员(不包括工作负责人)：

＿＿＿＿＿＿＿＿＿＿＿＿＿＿＿＿＿＿＿＿＿＿＿＿＿＿＿＿＿＿＿＿＿＿＿＿＿

＿＿＿＿＿＿＿＿＿＿＿＿＿＿＿＿＿＿＿＿＿＿＿＿＿＿ 共＿＿＿＿人

3.工作任务：

工作地点或设备[注明变(配)电站、线路名称、设备双重名称及起止杆号]	工作内容

4.计划工作时间：＿＿＿＿＿＿＿＿＿＿＿＿＿＿＿＿＿＿＿＿＿＿＿＿＿

5.安全措施[应改为检修状态的线路、设备名称,应断开的断路器(开关)、隔离开关(刀闸)、熔断器,应合上的接地刀闸,应装设的接地线、绝缘隔板、遮拦(围栏)和标示牌等,装设的接地线应明确具体位置,必要时可附页绘图说明]：

编号：配电二次运检班1710001

5.3 工作班装设(或拆除)的接地线

线路名称或设备双重名称和装设位置	接地线编号	装设时间	拆除时间

6.保留或邻近的带电线路、设备：

_____

_____

7.其他安全措施和注意事项：

_____

_____

工作票签发人签名：_____ _____ _____年 月 日 时 分

工作负责人签名：_____ _____年 月 日 时 分

8.其他安全措施和注意事项补充(由工作负责人或工作许可人填写)：

_____

_____

编号：_____

工作许可

许可的线路或设备	许可方式	工作许可人	工作负责人	许可工作的时间
				年 月 日 时 分

9.工作任务单登记：

工作任务单编号	许可人	工作负责人签名	许可工作的时间
			年 月 日 时 分

10.确认工作负责人布置的任务和本施工项目安全措施：

工作班组人员签名：

_____

_____

11.工作负责人变动情况：

原工作负责人_____离去,变更_____为工作负责人

工作票签发人：_____　　　　年　月　日　时　分

工作人员变动情况:(变动人员姓名、日期及时间)_____

_____

工作负责人签名：_____

12.工作票延期：

有效期延长到_____年　月　日　时　分

工作负责人签名：_____　　　　年　月　日　时　分

工作许可人签名：_____　　　　年　月　日　时　分

13.工作票终结：

①现场所挂的接地线编号_____共_____组,已全部拆除、带回。

②工作终结报告：

终结报告方式	许可人	工作负责人签名	终结报告时间
			年　月　日　时　分

14.备注：

①指定专责监护人_____负责监护_____(地点及具体工作)。

②其他事项：

_____

_____

_____

参考文献

[1] 马志广.配电线路运行[M].北京:中国电力出版社,2010.

[2] 国家电网公司营销部(农电工作部)."全能型"乡镇供电所岗位培训教材(台区经理)[M].北京:中国电力出版社,2017.

[3] 国家电网公司.国家电网公司电力安全工作规程(配电部分)[M].北京:中国电力出版社,2014.

[4] 国家电网公司.配电网施工检修工艺规范[M].北京:中国电力出版社,2012.

[5] 国家电网公司.国家电网公司电力安全工作规程(线路部分)[M].北京:中国电力出版社,2009.

[6] 国家电网公司人力资源部.农网配电(上、下)[M].北京:中国电力出版社,2010.

[7] 国家电网公司人力资源部.配电线路检修[M].北京:中国电力出版社,2010.